MEMENTO
D'HISTOIRE NATURELLE

PAR

R. MARAGE

DOCTEUR ÈS SCIENCES
DOCTEUR EN MÉDECINE
PROFESSEUR A L'ÉCOLE SAINTE-GENEVIÈVE

Avec 102 figures dans le texte

PARIS

G. MASSON, ÉDITEUR

120, boulevard Saint-Germain, en face de l'École de Médecine.

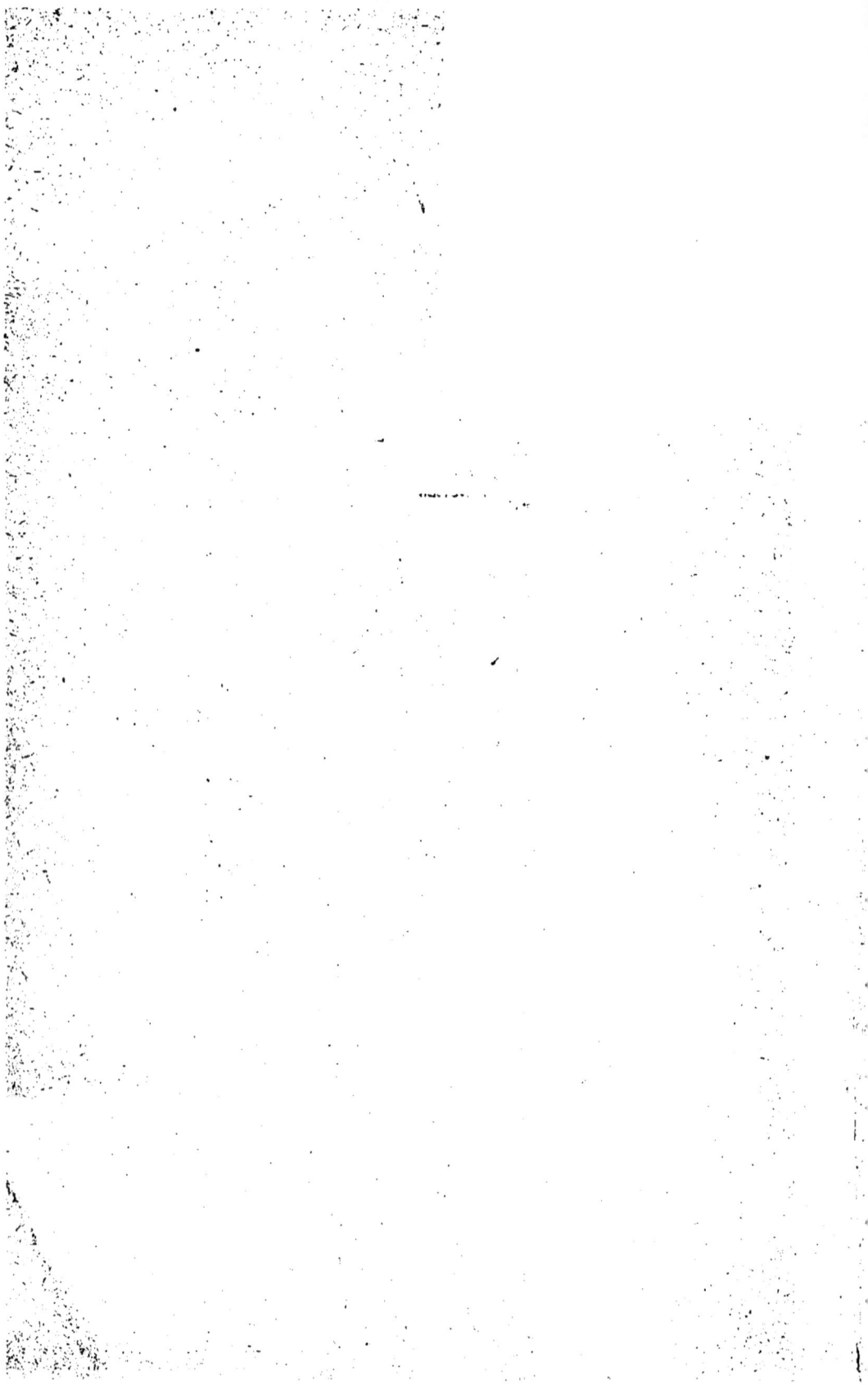

MEMENTO
D'HISTOIRE NATURELLE

PAR

R. MARAGE

DOCTEUR ÈS SCIENCES

DOCTEUR EN MÉDECINE

PROFESSEUR A L'ÉCOLE SAINTE-GENEVIÈVE

Avec 102 figures dans le texte

PARIS

G. MASSON, ÉDITEUR

120, boulevard Saint-Germain, en face de l'École de Médecine.

1891

Les sciences naturelles sont très intéressantes à apprendre et très faciles à retenir ; mais il faut, dès le début, suivre un ordre logique, et ne s'occuper que des phénomènes importants, sans entrer dans des détails inutiles.

L'anatomie et la physiologie sont aujourd'hui des sciences aussi exactes que les mathématiques ; ce sont des faits.

Pour ne pas les oublier il faut, avant tout, se servir de la **mémoire des yeux**. L'anatomie s'apprend comme la géographie, et nos figures ne sont que des cartes.

Il ne faut pas que l'élève se mette dans la tête de simples mots, quand chaque nom doit lui rappeler un organe et sa fonction.

Toutes les figures de ce travail peuvent être reproduites au tableau, c'est **le seul** moyen de faire **comprendre, apprendre** et **retenir.**

Ce livre est donc un **livre d'enseignement,** c'est dire qu'il peut être mis dans toutes les mains et **lu par tout le monde.**

Dr M.

ZOOLOGIE

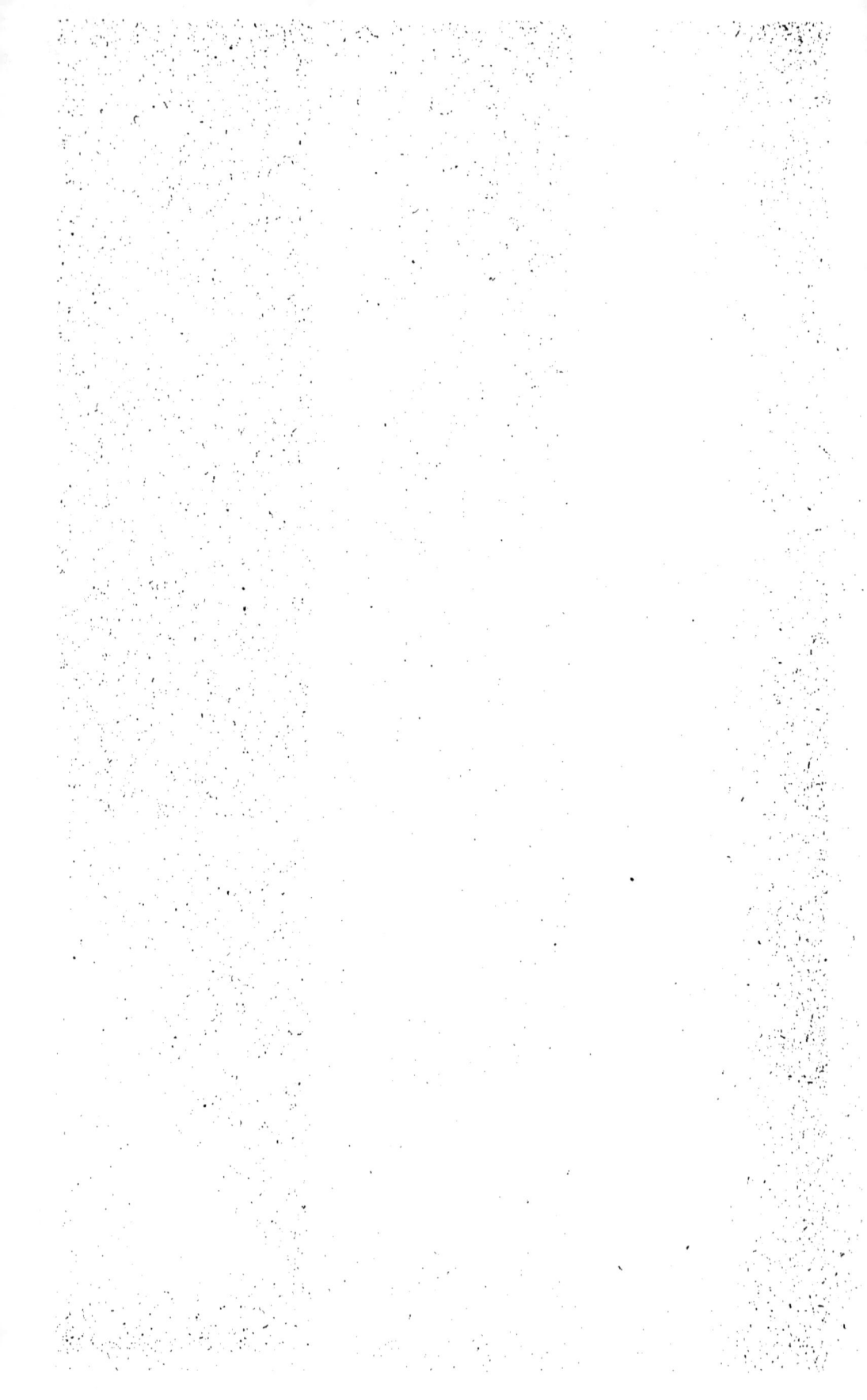

PRÉLIMINAIRES

LES ÉLÉMENTS ANATOMIQUES ET LES TISSUS

1. Protoplasma. — Tout être organisé (animaux et végétaux) subit à chaque instant une rénovation moléculaire. Pour que la nutrition puisse se faire, il faut que la substance fondamentale, le *protoplasma*, se trouve dans des conditions déterminées. Le protoplasma subit à la longue des modifications qui font que la mort succède à la vie.

Un agrégat d'éléments anatomiques plus ou moins différenciés constitue les animaux et les végétaux.

2. Éléments anatomiques. — Ce sont les cellules et les fibres.

Cytodes. Petites masses de protoplasma de forme variable (Hœckel) : sans membrane (gymnocytodes) (fig. 1), avec membrane (lépocytodes).

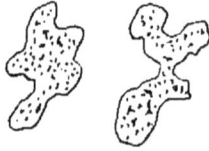

Fig. 1. — *Protoplasma.*

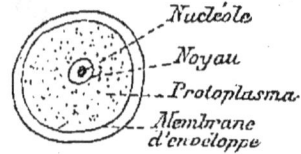

Fig. 2. — *Cellule.*

Cellules. Ce sont des cytodes renfermant un noyau, qui, lui aussi, peut contenir un nucléole (fig. 2).

Elles peuvent ou non posséder une membrane d'enveloppe. Les plus petites cellules, les globules du sang, ont un diamètre de 6 μ à 7 μ (1). Elles sont généralement sphériques, elles peuvent être aplaties dans différents sens et devenir des cellules plates ou des cellules allongées.

Multiplication des cellules. 1° *Bourgeonnement.* — La cellule s'hypertrophie en un point, en emportant une partie de tous les éléments de la cellule mère (fig. 3).

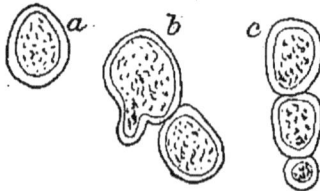

Fig. 3. — *Reproduction par bourgeonnement.*

2° *Division directe.* — Le nucléole se coupe en deux : la substance de chacune de ces parties n'a subi aucun remaniement (très rare) (fig. 4).

(1) *Le μ est le millième de millimètre.*

3° *Division indirecte*. — Le phénomène est le même quant aux résultats, mais au sein de la substance du noyau, du nucléole et du corps cellulaire, il y a un remaniement complet (fig. 5).

4° *Rajeunissement*. — Le protoplasma quitte la membrane

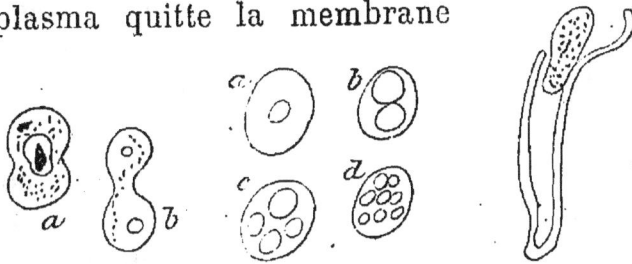

Fig. 4. — Division Fig. 5. — Division Fig. 6. —Rajeunisse-
directe.   indirecte.   ment.

qui l'entoure (algues); donc toute cellule naît d'une autre cellule (fig. 6).

Fibres. Ce sont de petits filaments microscopiques allongés. Dans les tissus qu'elles constituent, les fibres sont presque toujours l'élément constitutif fondamental (tissu musculaire).

3. Définitions. — Les tissus sont formés par **Tissus.** l'association des éléments anatomiques.

On appelle système, l'ensemble des parties **Systèmes.** formées d'un même tissu (syst. musculaire).

Un organe est formé par la réunion de parties **Organes.** provenant de systèmes différents et constituant un tout unique de conformation spéciale (un muscle). Chaque organe a un ou plusieurs usages.

Un appareil est un assemblage d'organes **Appareils.** différents et solidaires constituant un tout coor-

1.

donné (appareil digestif). Chaque appareil remplit une fonction (digestion).

Organisme.   C'est un ensemble d'appareils doué d'une existence isolée.

4. Tissus celluleux. Épithéliums. — Les épithéliums sont des membranes formées de cellules unies par une faible quantité de substances intercellulaires qui revêtent les surfaces libres (épiderme) et toutes les cavités du corps (tube digestif, bronches). Ils sont constitués ou par une couche unique de cellule (épith. simple) ou par la superposition de plusieurs couches (épith. stratifié).

Classification des épithéliums.   1° *Sphérique*, appelé aussi *glandulaire*, parce que d'ordinaire il tapisse la surface interne des glandes. Une glande est une cavité formée par une membrane mince (membrane propre) tapissée en dedans par un épithélium (fig. 7). D'après

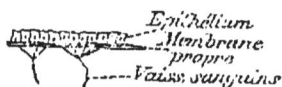

Fig. 7. — *Glande théorique.*   Fig. 8. — *Glande en tube.*

sa forme, c'est une glande en tubes ou une glande en grappe (fig. 8). Si la glande emprunte au sang certains éléments pour former des principes nouveaux on l'appelle glande de sécrétion (glande salivaire) ; si elle débarrasse le sang des produits de décomposition, on l'appelle glande d'excrétion (rein).

2° *Cylindrique simple* (canaux excréteurs des glandes intestinales).

Vibratile. — Se trouve dans les voies respiratoire des vertébrés pulmonés, sur des éléments de toutes formes chez les invertébrés ; les cils vibratiles servent, suivant les animaux, au renouvellement du fluide respiratoire, à la progression des aliments, à la locomotion (fig. 9). — Ces mouvements sont indépendants

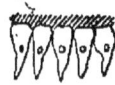

Fig. 9. — Épithélium à cils vibratiles.

du système nerveux, les *flagellums* ne diffèrent des cils que par leur volume un peu plus considérable.

3° *Pavimenteux :*

Ou il est *simple*, et alors il tapisse toutes les grandes cavités (cœur, vaisseaux).

Ou il est stratifié :

Cellules molles (cavité buccale) ;

Cellules cornées. Couche cornée de l'épiderme : ongles, poils.

5. Tissus conjonctifs. — C'est un ensemble de tissus caractérisés par l'importance considérable de la substance cellulaire.

Remplit les intervalles des organes, ou unit leurs éléments.

Tissu conjonctif proprement dit.

Composition :

1° Fibrilles conjonctives en faisceaux ;

2° Fibres élastiques ;

3° Cellules conjonctives ;

4° Quantité variable de matière amorphe ; renferme toujours plus ou moins de graisse ;

5° Chez les animaux dont la peau change de couleur, cellules conjonctives, contractiles et pigmentées (chromoblastes).

Tissu muqueux ou gélatineux. Domine chez les invertébrés (cœlentérés, mollusques). Il est formé de substance intercellulaire gélatiniforme. Cellules étoilées avec prolongements anastomosés.

Tissu adipeux. Formé par l'accumulation de la graisse dans les cellules du tissu conjonctif proprement dit : la graisse apparaît en gouttelettes qui repoussent peu à peu le protoplasma à la périphérie.

Tissu fibreux. Tissu conjonctif dur et résistant.

Tissu élastique. L'élément élastique remplace les fibres et les cellules conjonctives.

Tissu cartilagineux. Formé de cellules entourées complètement de substance cartilagineuse, c'est-à-dire donnant de la chondrine par l'ébullition (fig. 10).

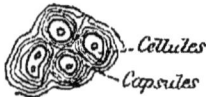

Fig. 10. — *Tissu cartilagineux.*

Développement. — La cellule cartilagineuse, possédant un ou deux noyaux, souvent des globules de graisse, forme autour d'elle à l'âge adulte une membrane cartilagineuse (capsule).

Usage. — A un certain moment de la période de développement, presque tout le squelette est cartilagineux, ou il reste à cet état (poissons cartilagineux), ou il est remplacé par le tissu osseux.

La substance osseuse est une substance homo- Osseux.
gène amorphe, combinée intimement avec les
sels calcaires qui la rendent dure et rigide. Elle
est creusée de petites cavités (*ostéoplastes*) et de
canaux (*canaux de Havers*) (fig. 11).

L'*ostéoplaste* est une petite cavité ovoïde, émet-
tant des prolongements creux, qui se ramifient

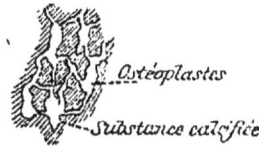

Fig. 11. — *Tissu osseux.*   Fig. 12. — *Tissu osseux.*

et s'anastomosent avec les prolongements des
cavités voisines (fig. 12); ils s'ouvrent dans les canaux de Havers et à la surface de l'os; les *canaux
de Havers* sont creusés au sein de la substance
osseuse, ils renferment les vaisseaux et communiquent avec le trou nourricier.

Le *périoste* est une membrane fibro-vasculaire
entourant l'os de tous côtés; il s'arrête au niveau
des cartilages articulaires; il exhale le blastème
servant à l'accroissement de l'os.

Les os de la voûte du crâne et de la face pro-
viennent directement d'un tissu fibreux (os d'origine membraneuse); les autres os passent par
l'état cartilagineux; il n'y a pas transformation
directe du tissu cartilagineux en tissu osseux.

6. Tissu musculaire. — Les éléments (*fibres mus-* Propriétés.

culaires) sont éminemment contractiles; cette propriété (*contractilité*) se trouve aussi dans le protoplasma.

Ce qu'un muscle perd en longueur, il le gagne en épaisseur : donc son volume reste constant.

Tissu musculaire lisse. Il est constitué par des fibres cellules réunies en faisceaux (*muscles lisses*) (fig. 13). La fibre cellule est fusiforme, renflée en son milieu; le noyau a la forme d'un bâtonnet, la contraction est lente (*échinodermes*); chez les vertébrés il se trouve dans les organes non soumis à la volonté.

Fig. 13. — Fibre musculaire lisse.

Tissu musculaire strié. Fibres musculaires microscopiques, striées transversalement et entourées d'une mince enveloppe élastique (sarcolemme ou myolemme) : pas d'anastomoses; noyau sous le myolemme (fig. 14). — Les fibres s'implantent sur les organes au moyen des tendons, le cœur est formé de fibres musculaires striées anastomosées (à contraction brusque involontaire). Donc la contraction est brusque, volontaire ou non.

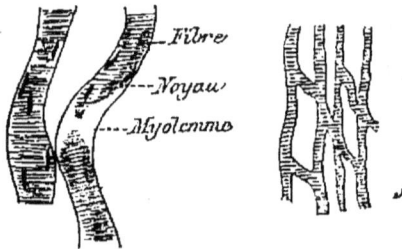

Fig. 14. — Fibre striée volontaire et involontaire (ramifiée).

7. Tissu nerveux. — Il est formé de substance

blanche et de substance grise. Il est le siège de la sensibilité et de la volonté.

Protoplasma avec noyau et nucléoles, formant la substance grise : uni, bi, multipolaire (fig. 15); jamais apolaire. Un seul prolongement (prol. de Deiters, fig. 16) n'est pas ramifié, et devient le fila-

Cellules.

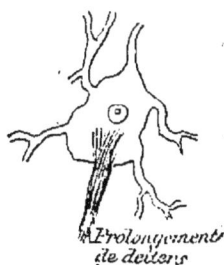

Fig. 15. — *Cellules nerveuses.* Fig. 16. — *Cellule nerveuse.*

ment central (cylindre-axe), d'un tube nerveux; les autres se ramifient avec les prolongements voisins.

Les fibres constituent la substance blanche. On en distingue deux sortes :

Fibres.

1° *Fibres de la vie animale*, à myéline, à contour foncé : elles sont constituées par trois parties (fig. 17) :

a. A l'extérieur, gaine ou membrane de *Schwann* avec noyaux ovalaires;

b. Substance médullaire, myéline ;

c. Cylindre-axe du milieu avec des parties plus élargies.

2° *Fibres organiques de Remack*, à bords pâles, les seules chez les invertébrés; elles sont formées de deux parties (fig. 18) :

a. Cylindre-axe ;

b. Membrane de *Schwann*, avec nombreux noyaux.

Les fibres conduisent le mouvement et la sensibilité.

Les prolongements de

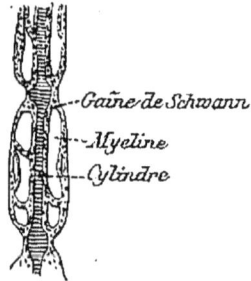

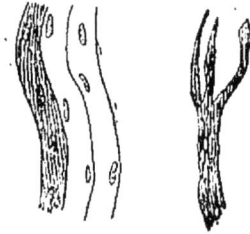

Gaîne de Schwann

Myéline

Cylindre

Fig. 17. — *Fibres à bords*   *Fig.* 18. — *Fibres de Remack.*
foncés.

Deiters deviennent les cylindres-axes, s'entourent de myéline et de la membrane de Schwann.

La *névroglie* est la masse enveloppante des cellules et des fibres.

PREMIÈRE PARTIE

L'HOMME

—

CHAPITRE PREMIER

TUBE DIGESTIF ET DIGESTION

—

SOMMAIRE.

ANATOMIE. — I. **Portion d'introduction.** — **1.** Cavité buccale. *Bouche, arrière-bouche.* — **2.** Pharynx. — OEsophage.

II. **Portion de digestion.** — **1.** Estomac. — **2.** Intestin grêle.

III. **Portion d'élimination.** — **1.** Gros intestin. — **2.** Rectum.

IV. **Glandes annexes du tube digestif.** — **1.** Glandes salivaires. — **2.** Foie. — **3.** Pancréas.

PHYSIOLOGIE. — I. **Portion d'introduction.**
II. **Portion de digestion.**
III. **Portion d'élimination.** (Fig. 19.)

ANATOMIE.

I. — PORTION D'INTRODUCTION.

1. Cavité buccale (fig. 20). — Partie antérieure du tube digestif, limitée en avant par les lèvres, en haut par le palais, en bas par la langue ; sur

les parties latérales par les joues; en arrière
se trouve l'arrière-bouche ou pharynx, sorte de

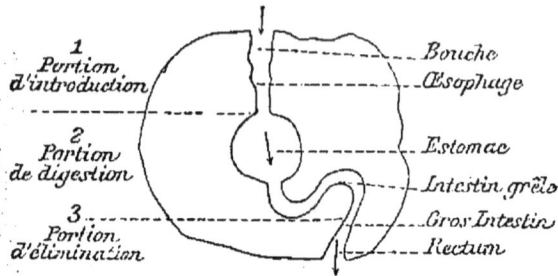

1
Portion
d'introduction .... Bouche
.... Œsophage

2
Portion
de digestion .... Estomac
.... Intestin grêle

3
Portion
d'élimination .... Gros Intestin
.... Rectum

Fig. 19. — Tube digestif.

vestibule, communiquant en avant avec la
bouche, en haut avec les fosses nasales, en

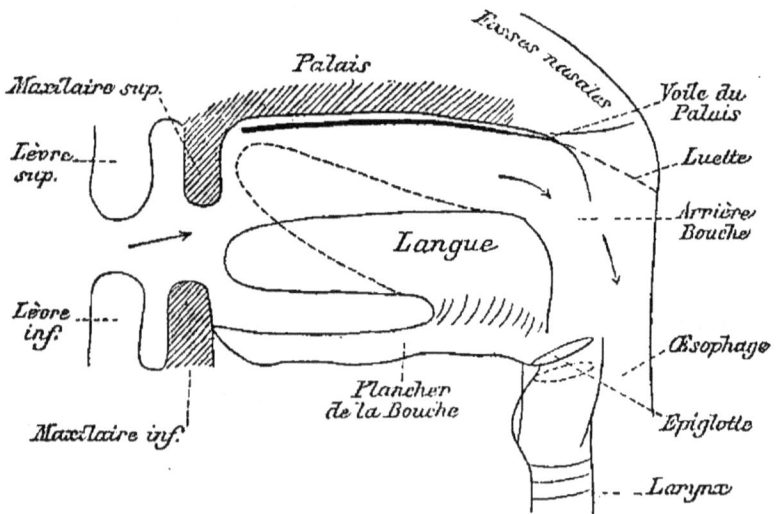

Palais   Fosses nasales

Maxillaire sup.   Voile du
                                   Palais
Lèvre
sup.   Luette

                Langue   Arrière
                                   Bouche

Lèvre
inf.   Œsophage

        Plancher
        de la Bouche

Maxillaire inf.   Épiglotte

                                   Larynx

Fig. 20. — Coupe de la bouche.

arrière avec les conduits aérien et œsophagien.
La partie antérieure porte le nom de vestibule

de la bouche ; elle a la forme d'un fer à **cheval** à concavité postérieure, limitée en avant par les lèvres et les joues, en arrière par les arcades dentaires (fig. 20).

Les *lèvres* et les *joues* sont formées de quatre couches qui sont :

1° La couche cutanée ou peau, renfermant une grande quantité de follicules pileux et de glandes sébacées ;

2° La couche musculaire ;

3° La couche glanduleuse formée par une agglomération de petites glandes en grappe ;

4° La couche muqueuse très mince tapissant la face postérieure des lèvres.

La *paroi postérieure* est formée par l'*isthme du gosier*.

La *paroi supérieure* se compose de deux parties :

1° *Voûte palatine* portion dure du palais, formée par les os recouverts par une muqueuse.

2° *Voile du palais*, portion molle du palais, mobile, située en arrière du palais, cloison entre l'arrière-cavité des fosses nasales et la bouche : le bord postérieur est libre, il présente sur la ligne médiane un prolongement, la *luette* ; de chaque côté de la luette deux replis muqueux décrivant une arcade : ce sont les piliers du voile du palais qui limitent une cavité, fosse amygdalienne, contenant l'*amygdale*.

La *paroi inférieure* est constituée par la langue et le plancher de la bouche. La *langue* est l'or-

gane spécial du goût, concourant à la déglutition et à la parole. Corps charnu, symétrique,
composé de muscles susceptibles de lui donner
diverses formes. La langue est attachée par la
racine seulement à l'*os hyoïde*, et par une portion de sa base à la mâchoire inférieure. La
langue est tapissée d'une membrane muqueuse
qui se continue avec celle de la cavité buccale,
Cette membrane forme à la partie inférieure le
frein ou filet. Le dos de la langue est tapissé par
un épithélium pavimenteux, présentant des papilles nombreuses (Voir *Sens du goût*).

Les *dents* sont des organes durs, garnissant le
bord de chaque mâchoire, principalement formés d'ivoire et d'é-
mail, et accessoi-
rement, chez les
mammifères, d'une
mince couche de
substance osseuse
(cément) (fig. 22).
Chaque dent se com-
pose de deux par-
ties : 1° la *couronne*
qui fait saillie au-
dessus du rebord
de la mâchoire, 2° la *racine* qui est enclavée
dans une cavité de l'os maxillaire (alvéole).
Entre ces deux parties se trouve le *collet* recouvert par la gencive (fig. 21).

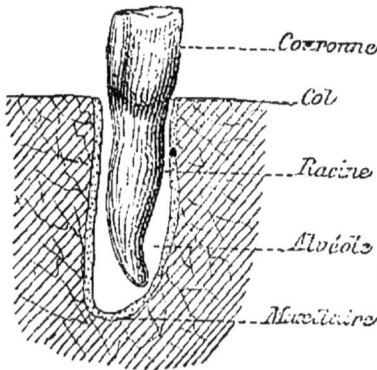

Fig. 21. — Dent.

Au centre de la dent se trouve une cavité (*cavité dentaire*) (fig. 22), remplie par une **partie molle** (*pulpe dentaire*); un ou plusieurs canaux, creusés dans les racines, font communiquer la cavité avec l'extérieur. Un nerf et des vaisseaux nourriciers pénétrent par ce canal; la pulpe sert à la nutrition de la dent.

1° *Incisives*, sont des dents tranchantes, à une seule racine, implantées dans les intermaxillaires;

2° *Canines*, sont des dents ayant la forme de cônes, à une seule racine, elles sont plus ou moins développées; on appelle canine la paire de dents située à l'extrémité antérieure du maxillaire

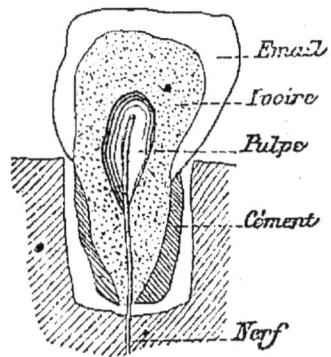

Fig. 22. — *Coupe d'une dent.*

supérieur et celle qui lui correspond au maxillaire inférieur.

3° *Molaires*, toutes les autres dents, *prémolaires*, celles qui se renouvellent, *vraies molaires* celles qui ne succèdent pas à des dents de lait.

$$\frac{2}{2} \quad i \quad \frac{1}{1} \quad c \quad \frac{5}{5} \quad m \quad \left(\frac{2}{2} \, \frac{3}{3} \right).$$

Le numérateur indique le nombre de dents à la mâchoire supérieure (d'un côté).

Le dénominateur, les dents qui se trouvent à

la mâchoire inférieure : (*i*, incisive, *c*, canine,

m, molaire $\left(\dfrac{2}{2}\ \text{prémolaires},\ \dfrac{3}{3}\ \text{vraies molaires}\right)$.

La dentition d'un animal révèle ses mœurs et son régime. (*Reconstitution des animaux*, par Cuvier.)

2. Le pharynx est une sorte de gouttière musculo-membraneuse, présentant sa convexité du côté des vertèbres, sa concavité en avant (fig. 20).

Cette gouttière se rétrécit vers la partie inférieure et reçoit six ouvertures :

De haut en bas sur la ligne médiane : fosses nasales, bouche, larynx, œsophage.

Les deux autres ouvertures sont situées à la partie supérieure du pharynx et sur les côtés : c'est l'orifice de la trompe d'Eustache.

Le pharynx est formé de trois couches : muqueuse, fibreuse, musculeuse.

3. L'œsophage est un canal musculo-membraneux allant du pharynx à l'estomac où il débouche par un orifice (*cardia*). Ce conduit, toujours fermé dans l'état de vacuité, est aplati d'avant en arrière dans sa moitié supérieure, sa partie inférieure est cylindrique.

Sa longueur moyenne est de 22 à 25 centimètres.

Son diamètre de 22 à 26 millimètres.

II. — PORTION DE DIGESTION.

Forme.   **1. Estomac** (fig. 23). — Gros renflement situé entre l'œsophage et l'intestin grêle, dont il est séparé par un bourrelet circulaire (*valvule pylorique*), situé à l'orifice de sortie, nommé *pylore*. Il présente deux bords (grande et petite **courbure**), un grand cul-de-sac voisin du cardia, un petit cul-de-sac près du pylore.

Par sa *face antérieure* il est en rapport avec le diaphragme, le foie et la partie supérieure de la paroi ab dominale ; par sa *face postérieure* avec le côlon transverse, le pancréas et la troisième partie du duodénum.

Son *bord supérieur* ou petite courbure est en rapport avec le tronc cœliaque, le lobe de Spiegel, et le plexus solaire.

Son *bord inférieur* est au-dessus du côlon transverse : la *grosse tubérosité*, située dans l'hypochondre gauche, est en rapport avec le diaphragme, la queue du pancréas, le rein gauche, et la rate qui s'applique contre l'estomac, à l'état de plénitude ; la petite tubérosité est en rapport avec la tête du pancréas et la troisième portion du duodénum.

Quatre couches de dehors en dedans :

1º Couche *séreuse* formée par le péritoine ;

2º Couche *musculaire*, les fibres sont disposées de trois sortes :

a. Fibres circulaires dans toute l'étendue (*sphincter pylorique*) ;

b. Fibres longitudinales, irrégulières, formant autour du cardia la *cravate de Suisse ;*

c. Fibres obliques ou en anses formant le **plan** le plus profond.

3° Couche *cellulo-fibreuse*, servant d'insertion aux fibres musculaires ;

4° Couche *muqueuse* (1 millim. d'épaisseur) très résistante, l'épithélium se rapproche du cylindrique ; les glandes en grande quantité *(follicules gastriques)* sont perpendiculaires à la surface de la muqueuse : elles ont 1 millimètre de longueur, 100 μ de diamètre, volumineuses surtout près du pylore et du cardia ; fond souvent bilobé : leur paroi a une épaisseur de 20 μ, elles sécrètent un liquide acide *(suc gastrique)* contenant une substance particulière, la *pepsine*.

2. Intestin grêle (fig. 23). — Portion du tube digestif s'étendant, du pylore au gros intestin, dont il est séparé par un repli valvulaire intérieur *(valvule iléo-cæcale)* permettant le passage des matières de l'intestin grêle dans le gros intestin, mais s'opposant à leur retour :

Dimensions.   Longueur : 8 mètres environ ;
Diamètre, 3 à 4 centimètres.

Il se replie un grand nombre de fois sur lui-même (circonvolutions intestinales).

Division.   Deux parties :

1° Duodénum (longueur 11 à 12 centimètres) ;

2° Intestin grêle : *jéjunum*, les 3/5 supérieurs (vide dans les cadavres) ; *iléon*, les 2/5 inférieurs.

Description.   Le duodénum se replie en forme de fer à cheval qui embrasse la tête du pancréas ; il présente des glandes en grappes *(glandes de Brünner)* ; il reçoit les canaux du *foie* et du *pancréas*.

De l'extérieur à l'intérieur, quatre couches :

1° *Couche séreuse* formée par le péritoine, partout continue sauf sur les deux portions du duodénum ;

2° *Couche musculaire*, fibres longitudinales, fibres circulaires ;

3° *Couche celluleuse* ;

4° *Couche muqueuse*, hérissée de saillies ou vil-

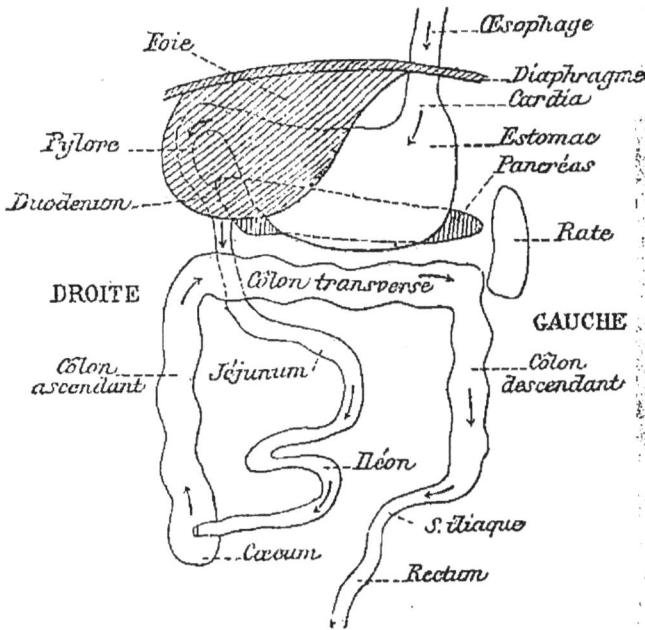

Fig. 23. — *Tube digestif.*

losités (absorption intestinale) et de replis de la muqueuse (*valvules conniventes*) criblée de trous, (orifices glandulaires) ; la muqueuse est formée de deux couches : le derme, et l'épithélium qui est cylindrique.

Villosités. — Organes d'absorption très vasculaires, contenant des vaisseaux lymphatiques ou
chylifères. Quelques dixièmes de millimètre de
hauteur.

Valvules conniventes. — Simples replis de la
muqueuse, siégeant partout, sauf dans la portion
inférieure de l'intestin grêle, n'occupant que les
2/3 de la circonférence de l'intestin ; bord libre
incliné du côté de l'anus ; elles sont hérissées
de villosités. Les glandes *simples* se rencontrent
dans tout l'intestin : ce sont celles de *Lieberkühn,*
glandes en cæcum sécrétant le suc intestinal, et
les *follicules clos,* de volume variable, pouvant
atteindre celui de la tête d'une grosse épingle ;
les glandes *composées* siègent à la partie inférieure, ce sont celles de *Brünner,* glandes en
grappe dans le duodénum (volume variant de
tête d'épingle à petit pois) ; et de *Peyer,* groupes
des vésicules closes : de 35 à 40 ; surface de 2 à
10 centimètres, à la partie inférieure de l'intestin.

III. — Portion d'élimination.

1. Gros intestin (fig. 23). — Portion renflée du
tube digestif étendue de l'intestin grêle à l'anus,

Division.   1° *Cæcum,* portion d'origine du gros intestin.
un peu renflée ; se trouve dans la fosse iliaque
droite ;

2° *Côlon ascendant* allant jusqu'au foie ;

3° *Côlon transverse ;*

4° *Côlon descendant*;

5° Au niveau de la fosse iliaque, forme le côlon iliaque ou *S iliaque*, qui plus loin prend le nom de rectum ; longueur de 1ᵐ,65 ; présente de nombreuses saillies et dépressions : n'est pas cylindrique et uni comme l'intestin grêle.

Cæcum, origine du gros intestin : cul-de-sac muni d'un prolongement, appendice vermiculaire du cæcum.

La valvule iléo-cæcale ou de Bauhin est fournie par deux replis membraneux ; les deux lèvres de cette ouverture, non situées sur le même plan, peuvent s'appliquer l'une sur l'autre et empêcher le reflux des matières fécales.

Rectum, longueur de 20 centimètres, presque complètement aplati, à l'état de vacuité ; sensiblement rectiligne : en rapport en arrière avec le sacrum et le coccyx ; en avant avec le bas-fond de la vessie. Son ouverture (anus) est fermée par des muscles inférieurs **puissants** (sphincters).

Quatre couches :

1° Couche *séreuse* formée par le péritoine ;

2° Couche *musculaire*, fibres longitudinales, superficielles, fibres circulaires profondes ;

3° Couche *celluleuse* ;

4° Couche *muqueuse*, formée d'une couche d'épithélium cylindrique et d'un derme peu épais.

Les glandes sont des *follicules clos* analogues à ceux de l'intestin grêle, des *glandes en tube* et des *glandes utriculaires*, en forme de follicules, ayant un orifice apparent; elles sont spéciales au gros intestin.

IV. — Glandes annexes du tube digestif.

1. Glandes salivaires. — Les glandes salivaires sont des organes glanduleux destinés à verser dans le tube digestif les liquides nécessaires à la transformation des substances alimentaires.

1° *Glandes intra-pariétales* ou *muqueuses*, sont renfermées dans la muqueuse de la cavité buccale.

2° *Glandes extra-pariétales*, au nombre de trois paires; de même que le pancréas, ce sont des glandes en grappes (fig. 24).

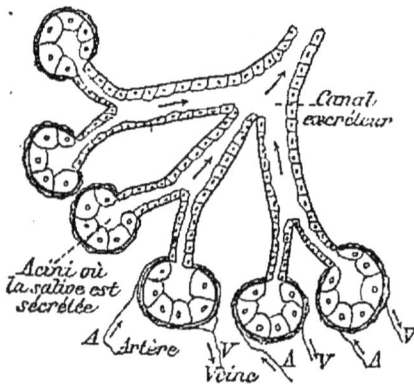

Fig. 24. — *Glandes en grappes.*

α. *Glande parotide*, est située au-dessous du conduit auditif; son canal excréteur (*canal de Sténon*) débouche à la face interne de la joue. C'est la plus volumineuse de toutes les glandes solivaires.

β. *Glande sous-maxillaire*, est située à la partie antérieure et supérieure du cou; elle est en contact direct avec la face interne du maxillaire inférieur ; elle est trois fois plus petite que la glande parotide.

Le conduit excréteur (*conduit de Warthon*) se porte vers le frein de la langue, à la partie inférieure duquel il s'ouvre en s'adressant au canal du côté opposé.

γ. *Glande sublinguale*, est placée au-dessous de la langue dans le plancher de la bouche ; la moins volumineuse de toutes les glandes salivaires. C'est un amas de glandes muqueuses ; les conduits excréteurs (cinq ou six) s'ouvrent au niveau du bord supérieur de la langue et portent le nom de *conduits de Rivinus*.

2. Foie. — La plus volumineuse de toutes les glandes ; est situé dans l'hypochondre droit, dans la région épigastrique : rouge brun ; ne dépasse pas les fausses côtes, pèse à peu près 1900 grammes à l'état physiologique et 1400 grammes chez le cadavre.

Face supérieure convexe, lisse, en rapport avec le diaphragme.

Forme.

Face inférieure (fig. 25) présente trois sillons, deux saillies et quatre dépressions.

Le *sillon antéro-postérieur* va du bord antérieur au bord postérieur et divise le foie en deux lobes.

Le *sillon transverse*, ou hile du foie, est perpendiculaire au précédent.

Le troisième sillon est parallèle au premier, c'est le sillon de la vésicule biliaire et de la veine cave inférieure.

2.

Deux *saillies* sont situées entre ces sillons : L'antérieure, éminence porte antérieure ou

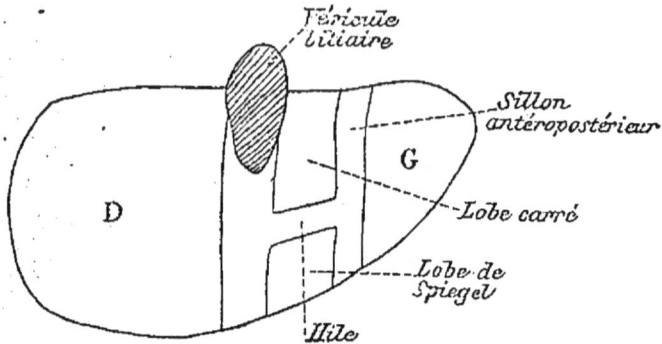

Fig. 25. — Face inférieure du foie.

lobe carré du foie; la postérieure, éminence porte postérieure ou lobe de Spiegel.

Le *bord antérieur* du foie est mince et tranchant; la vésicule biliaire sur les bords du lobe carré du foie, le déborde.

Le *bord postérieur* est très épais et s'échancre au niveau de la colonne vertébrale.

Enveloppes. La *tunique séreuse* est le péritoine; elle recouvre presque toute l'étendue du foie.

La *tunique propre fibreuse* est très adhérente; au niveau du hile, elle se réfléchit et forme un tube très ramifié qui accompagne les organes passant par le hile; la *capsule de Glisson* est constituée par ces prolongements; elle adhère aux lobules du foie.

Tissu propre. Le foie est formé par la réunion d'une masse de cellules polyédriques (10 à 20 *μ*) (fig. 26); ces cellules hépatiques sont réunies en lobules ou îlots (1 millim. de diamètre), les ramifications terminales de la veine porte P (veines sous-hépatiques) se voient entre les lobules; des capillaires pénètrent dans l'intérieur et chemi-

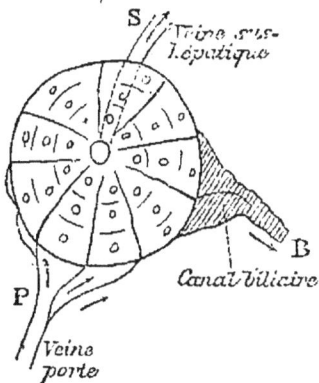

Fig. 26. — *Lobule hépatique.*

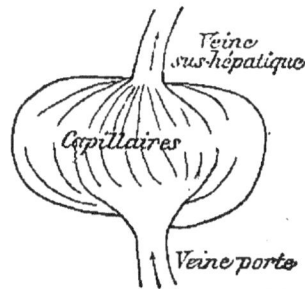

Fig. 27. — *Circulation veineuse du foie.*

nent entre les cellules qu'ils enserrent; ils se reconstituent au centre du lobule, s'anostomosent, forment les veines sus-hépatiques (S) qui se rendent dans la veine cave inférieure (fig. 27).

Un deuxième système de canaux capillaires, est formé par les canicules biliaires (B) qui cheminent entre les cellules, s'anastomosent en dehors des lobules, et forment les canaux biliaires.

Le sang veineux est donc conduit dans l'organe par les veines sous-hépatiques, il en sort par les veines sus-hépatiques.

Naissent des canalicules biliaires (fig. 28) se portent vers le hile, où ils forment deux troncs qui

Conduits biliaires.

s'anastomosent pour donner le *conduit hépatique*, (3 centimètres de long., 4 millimètres de diamètre).

Vésicule biliaire. Est le réservoir de la bile situé à la face inférieure du foie à droite du lobe carré.

Le *canal cystique* s'étend de la vésicule biliaire au canal cholédoque (fig. 28).

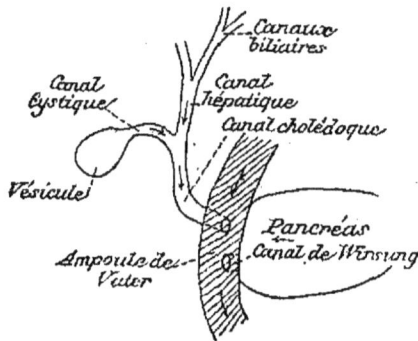

Fig. 28. — *Canaux biliaires.*

Le *canal cholédoque* est formé par la réunion des conduits cystique et hépatique (7 à 8 centim. de long), se creuse une gouttière dans la tête du pancréas et pénètre avec le canal pancréatique par un orifice distinct dans le duodénum, au niveau de l'*ampoule de Vater* (repli de la muqueuse).

L'appareil formateur de la bile est donc un appareil de sécrétion complet.

Il est formé en effet : 1° d'une glande ; 2° de conduits vecteurs ; 3° d'un réservoir ; 4° d'un canal excréteur.

Structure. **3. Pancréas.** — Glande en grappe composée ; sécrète le suc pancréatique : de consistance un peu ferme, aplatie d'avant en arrière et allongée dans le sens transversal, couleur blanc grisâtre ; fixée par le duodénum et le péritoine. Tissu ana-

logue à celui des glandes salivaires; elle est formée de petites masses ou lobules (*acini*) d'où
partent des conduits excréteurs; les acini sont
plus grands que ceux des glandes salidaires
(50 μ de diamètre) (fig. 24).

Tous les canaux élémentaires se réunissent en *Canaux excréteurs.*
un seul, *canal pancréatique* ou *de Wirsung* (fig. 28),
qui parcourt la glande de la queue à la tête;
il va se jeter dans le duodénum au niveau de
l'ampoule de *Vater*, avec le canal cholédoque.

Cette glande est située transversalement, en *Rapports.*
avant de la colonne vertébrale, sur les limites
des régions épigastrique et ombilicale, der-
rière l'estomac.

PHYSIOLOGIE.

Définition. — La digestion est une fonction
qui a pour but de rendre les aliments absorba-
bles et assimilables.

Aliments. — Ce sont les substances qui, après
diverses modifications, peuvent pénétrer dans la
circulation pour réparer les pertes subies par
l'organisme.

On les divise en *aliments inorganiques* (l'eau,
le sel marin, les phosphates et les carbonates de
chaux), et en *aliments organiques*, qui sont ou
azotés (*albumine*, *fibrine*) ou non azotés (les *féculents*, le *sucre*, les *matières grasses*).

Division. — Nous allons étudier les différents

phénomènes mécaniques ou chimiques que subissent les aliments dans l'intérieur du tube digestif.

I. — PORTION D'INTRODUCTION.

Après avoir été pris, ils sont introduits dans la cavité buccale et soumis à une double action ; la première est toute mécanique ; les aliments sont coupés par les *incisives*, déchirés par les *canines* et broyés par les *molaires* ; la langue les ramène constamment sur les parties latérales, et *les salives* de toutes les glandes salivaires contribuent à en former une sorte de masse compacte, le *bol alimentaire*.

Alors la pointe de la langue se soulève, et les aliments glissent dans le pharynx ; la luette en se relevant les empêche de monter dans les fosses nasales, l'épiglotte en s'abaissant de tomber dans le larynx, ils ne peuvent donc que passer dans l'œsophage. Jusqu'alors, ce mouvement du bol alimentaire, *la déglutition* a été purement volontaire, mais aussitôt qu'il aura pénétré dans l'œsophage, le bol alimentaire sera saisi par les contractions des fibres musculaires de l'œsophage et se rendra en une seule fois dans l'estomac en traversant le *cardia* : cette deuxième partie de la déglutition est involontaire.

La salive forme non seulement le *bol alimentaire*, mais encore elle agit chimiquement. En effet elle contient un ferment soluble, la *ptyaline*

ou *diastase animale* qui transforme la fécule cuite
en dextrine et en glycose.

II. — PORTION DE DIGESTION.

Estomac. — Dans l'estomac, les aliments sont
soumis à des mouvements très lents (péristal-
tiques et antipéristaltiques), en même temps
qu'ils subissent l'action du *suc gastrique* qui contient un acide libre, l'acide chlorhydrique, et un
ferment soluble la *pepsine*; les *albuminoïdes* sont
transformés en *peptones* ou *albuminoses*, c'est-
à-dire en substances capables d'être assimilées.

Intestin grêle. — Après avoir franchi le pylore,
les aliments, qu'ils aient été modifiés (*la fécule
par la salive, les albuminoïdes par le suc gastrique*)
ou non, pénètrent dans le duodénum et ils subissent une triple action, celle du suc pancréatique,
celle du suc intestinal ou suc entérique, et enfin
celle de la bile.

Le *suc pancréatique* possède de beaucoup l'action la plus importante; en effet il agit sur tous
les aliments; il *saccharifie* ou change en sucre, ce
qui est la même chose, les féculents cuits ou crus,
peptonise les albuminoides, *émulsionne* et décompose les graisses. Il contient un ferment spécial,
la *pancréatine*.

Le *suc intestinal*, grâce à un ferment soluble,
transforme le sucre de canne en un mélange de
glycose et de *lévulose* (Claude Bernard); il semble

également compléter l'action du suc pancréatique. Quant à l'action de la *bile*, elle est probablement multiple, car les savants ont émis des opinions différentes.

Pour les uns, elle sert à neutraliser le suc gastrique, qui est acide, afin de permettre au suc pancréatique d'agir, car ce liquide ne peut exercer son action que dans un milieu neutre.

Pour d'autres, la bile n'arrive dans l'intestin qu'après l'absorption et elle sert à permettre le renouvellement de l'épithélium intestinal : certains auteurs admettent qu'elle émulsionne les graisses, et s'oppose à la fermentation putride.

III. — Portion d'élimination.

Après avoir franchi la valvule *iléo-cœcale*, les aliments ne peuvent plus revenir en arrière, ils passent alors successivement dans les côlons *ascendant*, *transverse* et *descendant*, puis sont éliminés au dehors.

Dans l'intestin grêle, il se passe une fonction très importante, l'*absorption*, c'est-à-dire le passage des aliments modifiés (chyme et chyle) dans la circulation : ce phénomène se produit à peine dans le gros intestin.

CHAPITRE II

APPAREIL RESPIRATOIRE

—

SOMMAIRE.

ANATOMIE. — **1.** Le larynx à la partie supérieure de la trachée-artère. *Conformation extérieure, intérieure, structure, constitution.* — **2.** La trachée-artère. *Rapports, structure.* — **3.** Les bronches. — **4.** Les poumons. *Couleur, poids, forme, structure, plèvres.*

PHYSIOLOGIE. — **I. Phonation.**
II. Respiration. — **1.** Définition. — **2.** Phénomènes mécaniques. — **3.** Phénomènes chimiques. — **4.** Théorie de la respiration (chaleur animale). — **5.** Modification du sang. — **6.** Respiration cutanée. — **7.** Influence de la pression atmosphérique. — **8.** Asphyxie.

ANATOMIE.

1. Le **larynx** a la forme d'une pyramide triangulaire à base supérieure; il présente une face postérieure, deux faces latérales : la base se place en arrière de la langue et de l'os hyoïde; la base supérieure est fermée par un couvercle, *l'épiglotte*; le sommet (en bas) se confond avec la trachée (fig. 29). — *Conformation extérieure.*

De haut en bas: — *Conformation intérieure.*

1° La portion sus-glottique ou *vestibule*;
2° La glotte, portion rétrécie;

Memento d'hist. nat.   3

3º La portion sous-glottique élargie (fig. 30).
La *glotte* est l'espace compris entre les deux

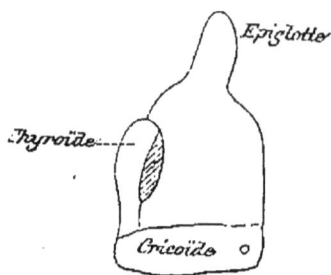 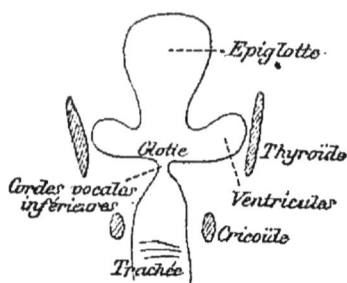

Fig. 29. — *Larynx.*   Fig. 30. — *Coupe du larynx de
gauche à droite.*

cordes vocales inférieures; forme triangulaire.

Les *cordes vocales* sont au nombre de quatre :
deux cordes vocales supérieures et deux cordes
vocales inférieures (les vraies) les plus rapprochées de la ligne médiane.

Ventricules : de chaque côté de la glotte entre
les cordes vocales se trouve une cavité (*ventricule*).

Structure.   Le squelette est formé de cartilages impairs
et de cartilages pairs :

Les *cartilages impairs* sont : l'épiglotte, fibro-
cartilage situé à la partie supérieure du larynx
qu'il surmonte; la partie élargie (base) est libre.

Le *cartilage thyroïde*, a la forme d'un angle
dièdre dont l'arête serait en avant et verticale
(*pomme d'Adam*) (fig. 31).

Sur la face postérieure de l'arête du dièdre
s'insèrent le sommet de l'épiglotte, les cordes
vocales supérieures et inférieures ; sur les bords

postérieurs grande corne du thyroïde s'articulant avec la grande corne de l'hyoïde.

Le *cartilage cricoïde* constitue la partie inférieure du larynx, il a la forme d'un anneau dont le bord inférieur s'articule avec le premier anneau de la *trachée*.

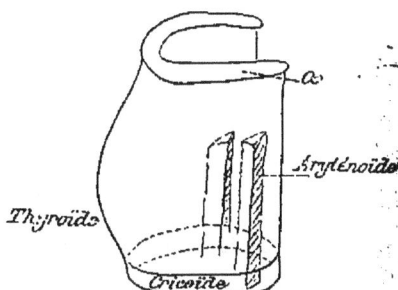

Fig. 31. — *Larynx théorique.*

Les *cartilages pairs* sont : les *aryténoïdes*, au nombre de deux; ils sont situés à la partie postérieure du bord supérieur du cricoïde, avec lequel ils s'articulent comme *un homme sur un cheval*; ils ont la forme d'une pyramide triangulaire dont le sommet s'incline sur la ligne médiane.

Les autres cartilages sont moins importants :

Ce sont :

Les *cartilages corniculés de Santorini*, de la grosseur d'un grain de millet; ils sont articulés avec le sommet de l'aryténoïde; et les *cartilages de Wrisberg* non constants : ils se trouvent dans l'épaisseur des replis aryténo-épiglottiques.

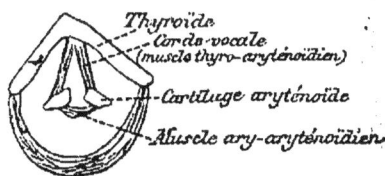

Fig. 32. — *Coupe horizontale du larynx.*

Les muscles portent les noms des deux cartilages sur lesquels ils s'insèrent (fig. 32) :

1º Muscle ary-aryténoïdien ;

2º Crico-thyroïdien ;

3º Crico-aryténoïdien ;

4º Thyro-aryténoïdien.

Constitu-
tion. La muqueuse se continue avec les muqueuses
trachéennes et pharyngiennes, elle tapisse les
différents replis ; elle est formée d'une couche
superficielle avec cellules *épithéliales à cils vibratiles* et d'une couche profonde à fibres lamineuses
et à fibres élastiques ; il existe des glandes en
grappe à la face profonde de la muqueuse.

Les *nerfs* viennent du *pneumogastrique* et du
spinal.

Rapports. **2. Trachée.** — Canal toujours béant, étendu
du larynx aux bronches, en partie dans le cou,
en partie dans le thorax ; il se dirige de haut en
bas ; cylindrique à sa partie antérieure, plan à sa
partie postérieure (membraneuse), il est formé
par des anneaux cartilagineux incomplets.

Structure. Environ seize anneaux présentant les trois
quarts d'une circonférence, entre les anneaux des
zones fibreuses.

3. Bronches. — Ce sont deux tubes étendus obli-
quement de la bifurcation de la trachée au hile
du poumon. Elles sont cylindriques en avant et
aplaties en arrière.

Couleur. **4. Poumons.** — Organes spongieux, *très élastiques*, servant à la respiration : ils sont au nom-

bre de deux et situés dans le thorax de chaque
côté du médiastin; le poumon droit est un peu
plus volumineux que le gauche, rosé chez l'en-
fant, gris cendré chez l'adulte, marqué de points
noirs chez le vieillard (charbon).

1000 à 1200 grammes chez l'adulte, plus légers   **Poids.**
que l'eau.

Forme un cône aplati sur les côtés : la *face*   **Forme.**
interne en rapport avec le médiastin présente le
hile, la *face externe* est
convexe et lisse ; elle
présente des scissures
limitant les lobes(*pou-*
mon droit, 3 lobes;
poumon gauche,
2 lobes) : la plèvre la
sépare des côtes, la
base est large et mou-

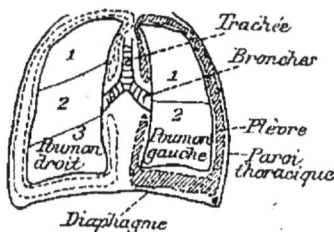

Fig. 33. — *Poumons.*

lée sur la convexité du *diaphragme*, le *sommet* vient
se placer en arrière de la clavicule (fig. 33).

La bronche gauche se divise en deux (une par   **Structure.**
lobe), la bronche droite en trois: puis subdivi-
sion irrégulière; même structure que celle de la
trachée (cartilages, fibres musculaires, muscles
de Reissessen, fibres élastiques); la muqueuse
se continue jusqu'aux dernières ramifications.

Le *tissu propre* est constitué par des éléments élastiques et quelques fibres musculaires
lisses; il se compose des *canalicules respiratoires*,
petits canaux partant des dernières ramifica-

tions bronchiques, et se terminant par de petites sphères (*lobules*) après s'être ramifiés ; ils sont tapissés par de l'épithélium pavimenteux.

Les *lobules pulmonaires* sont de petits renflements ayant de quelques millimètres à un centimètre d'épaisseur (fig. 34). Ils sont polyédriques et surtout constitués par des fibres élastiques ; à

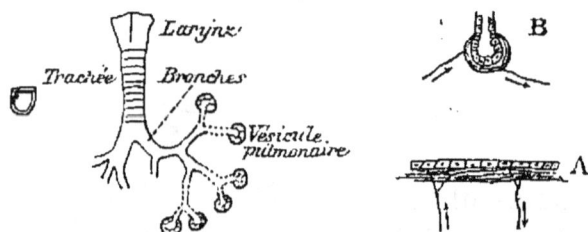

Fig. 34. — *Lobules pulmonaires ; à droite un lobule étendu* A, *puis plus grossi* B.

l'intérieur, se trouve une couche d'épithélium pavimenteux, directement en contact avec les vaisseaux capillaires ; les vaisseaux se composent d'artères qui apportent le sang chargé d'acide carbonique et de veines qui entraînent, vers le cœur, le sang oxygéné.

L'*artère pulmonaire* pénètre par le hile, suit les divisions bronchiques, et se termine, à la surface interne de la couche des lobules, en capillaires excessivement nombreux.

Les *veines pulmonaires* naissent du réseau capillaire tapissant l'épithélium des lobules.

Les plèvres.   Les plèvres sont au nombre de deux ; elles enveloppent chaque poumon ; le médiastin les sépare l'une de l'autre, elles ont la forme d'un *sac sans ouverture* enveloppant le poumon et en rapport avec le médiastin, les parois thoraciques (côtes) et le diaphragme.

Comme toutes les séreuses, elles présentent deux feuillets :

Le *feuillet viscéral* transparent, adhère intimement à la surface de l'organe, dont il est impossible de le séparer ;

Le *feuillet pariétal* recouvre la face interne des côtes, le médiastin et le diaphragme, et suivant ses rapports prend le nom de plèvre costale, médiastine, diaphragmatique.

PHYSIOLOGIE.

I. — PHONATION.

Pendant la respiration, la glotte a la forme d'un V ouvert en arrière ; elle ne produit aucun son. Au contraire, pendant la phonation, les deux bords de la glotte deviennent parallèles et les cordes vocales tendues par les muscles thyro-aryténoïdiens, entrent en vibration ; elles sont ébranlées par l'air qui s'échappe des poumons. Le son possède trois qualités : la *hauteur*, le *timbre* et l'*intensité* ; la *hauteur* dépend du nombre de vibrations, et les cordes vocales sont soumises aux lois physiques de vibrations des cordes

$$n = \frac{1}{2rl}\sqrt{\frac{g\mathrm{P}}{d\pi}}$$

$n =$ nombre de vibrations ou hauteur ;

$2r =$ diamètre ou épaisseur ;

$l =$ longueur ;

$P =$ le poids tenseur ou la tension ;

$d =$ la densité qui dépend de l'état des cordes.

Plus les cordes vocales sont rapprochées, plus elles sont tendues, plus le son est aigu.

Le *timbre* dépend de sons secondaires (*harmoniques*) qui se produisent en même temps que le son fondamental ; il est dû à la vibration de l'air contenu dans les cavités voisines sus ou sous-glottiques.

L'*intensité* dépend de la vitesse avec laquelle l'air s'échappe au dehors au niveau des cordes ; ce son produit est inarticulé, l'articulation (*parole*) est due aux diverses formes prises par le pharynx. la bouche et le nez ; les voyelles sont des sons musicaux : les consonnes ne sont que des bruits.

II. — RESPIRATION.

1. Définition. — C'est une fonction qui a pour but de produire une absorption d'oxygène et une élimination d'acide carbonique et de vapeur d'eau.

2. Phénomènes mécaniques. — Ils ont pour but l'entrée (*inspiration*) et la sortie (*expiration*) de l'air des poumons.

Pour comprendre l'entrée de l'air dans les poumons, il suffit de se rappeler que le poumon est élastique et qu'il n'est séparé des parois thoraciques et du diaphragme que par un sac vide, sans ouverture, la *plèvre* ; de sorte que le poumon est obligé de suivre tous les mouvements de la cage thoracique.

Dans l'inspiration, le thorax augmente de volume suivant tous ses diamètres, le diaphragme s'abaisse, en refoulant les intestins, et les côtes s'élèvent ; la capacité pulmonaire devient plus considérable, et l'air se précipite dans les poumons pour combler le vide ; le poumon est donc *passif*.

Au contraire, dans l'expiration, le poumon est *actif* ; en effet, il contient des *fibres élastiques* et il a été gonflé outre mesure, de sorte qu'il tend à revenir sur lui-même et à rejeter au dehors l'air qu'il contient ; de plus, le diaphragme remonte et les côtes s'abaissent.

Un mouvement respiratoire se compose de l'inspiration et de l'expiration, il s'en produit en moyenne seize à dix-huit par minute, et, à chaque fois, il entre environ un demi-litre d'air dans les poumons : l'entrée et la sortie de l'air dans les vésicules pulmonaires produisent certains bruits que l'on perçoit en appliquant l'oreille sur la poitrine (*auscultation*).

3. **Phénomènes chimiques.** — L'air qui pénètre dans les poumons contient par litre, 21 centilitres d'oxygène et 79 centilitres d'azote, et **une** quantité négligeable d'acide carbonique ; **dans** l'air expiré, les proportions d'acide carbonique et d'oxygène sont inverses, c'est-à-dire que l'acide

carbonique est en excès, l'azote conserve à peu près le même volume.

L'air expiré contient toujours de la vapeur d'eau, et l'on peut évaluer à un demi-litre la quantité dégagée par les poumons en vingt-quatre heures.

Un homme absorbe en moyenne, par heure, 20 litres d'oxygène, et abandonne 16 litres d'acide carbonique; ces nombres sont importants à connaître, car ils permettent de calculer le volume que doivent avoir les espaces fermés qui, pendant un certain temps, doivent contenir un nombre de personnes déterminé.

4. Théorie de la respiration (Chaleur animale). — *Lavoisier* a prouvé le premier que la respiration est une véritable *combustion lente*; en effet, il y a absorption d'oxygène et élimination d'acide carbonique et de vapeur d'eau.

L'oxygène se fixe sur l'hémoglobine, et est entraîné dans tous les tissus par la circulation; il y reste, tandis que l'acide carbonique précédemment produit, se combine avec les sels du sérum, et revient en partie au poumon où il se dégage par une véritable dissociation.

De sorte que les matières organiques étant composées de C, H, O, Az, on a les réactions suivantes :

$$C + 2O = CO^2$$
$$H + O = HO.$$

L'azote reste sans se combiner.

Ces combinaisons, qui se produisent non seulement dans le poumon mais encore *dans tout l'organisme*, dégagent de la chaleur, et c'est ce qui permet à la température du corps de rester constante malgré les influences extérieures (chaleur animale) : les *nerfs vaso-moteurs*, qui se rendent aux vaisseaux, viennent du sympathique; ils règlent cet appareil de chauffage.

5. Modifications du sang. — L'air pénètre par la bouche ou le nez, le larynx, la trachée, les bronches et les canalicules pulmonaires, jusque dans les lobules, il ne se trouve alors séparé du sang que par la couche d'épithélium ; c'est à travers cette membrane infiniment mince, qui a une surface énorme, que se produisent les échanges gazeux (*endosmose*).

Le *sang veineux* qui arrive aux poumons contient :

Acide carbonique............. 32 p. 100
Oxygène .... 8 —

Le *sang artériel* contient :

Acide carbonique............. 28 p. 100
Oxygène .... 16 —

6. Respiration cutanée. — La peau absorbe une faible quantité d'oxygène, mais elle exhale de l'acide carbonique (200 fois moins que le poumon) et surtout de la vapeur d'eau. Cette transpiration est différente de celle qui est produite par les glandes sudoripares : la vapeur d'eau provient de ces combinaisons de l'hydrogène et de l'oxygène, mais elle doit surtout son origine aux aliments liquides qui pénètrent dans le tube digestif.

7. Influence de la pression atmosphérique. — Deux cas peuvent se présenter :

1° Ou la pression augmente ou elle diminue ; si la pression devient plus grande (*cloche à plongeur*), la quantité d'oxygène devient plus grande, et l'azote se dissout en plus forte quantité ; l'oxygène sous pression devient *toxique* (Paul Bert) ; 2° ou la pression diminue brusquement, alors l'azote dissous dans le sang se dégage, ce qui amène la mort subite. Au contraire, quand la pression devient plus faible, ce qui arrive lorsqu'on s'élève dans les hautes régions de l'atmosphère (mal de montagnes), cette quantité d'oxygène diminue et il y a une véritable anémie par manque d'oxygène.

8. Asphyxie. — Elle se produit dans un grand nombre de cas :

1° Lorsque la quantité d'oxygène absorbé est trop faible (animaux à sang chaud), ou lorsque la quantité d'acide carbonique exhalé n'est pas assez grande (animaux à sang froid), c'est ce qui se produit dans les *milieux confinés* ;

2° Lorsque l'air n'arrive plus aux poumons (*submersion, strangulation*) ;

3° Lorsque les poumons absorbent des *gaz délétères* : par exemple, de l'oxyde de carbone qui se fixe sur l'hémoglobine des globules rouges.

CHAPITRE III

APPAREIL CIRCULATOIRE ET CIRCULATION

—

SOMMAIRE.

ANATOMIE. — Division. — **1.** Cœur. *Forme, volume, situation, conformation, structure, membranes séreuses, « péricarde, endocarde »,* — **2.** Artères. *Constitution, division.* — **3.** Capillaires. — **4.** Veines. *Constitution, division.*

PHYSIOLOGIE. — **1.** Sang. *Constitution, analyse.* — **2.** Circulation. *Bruits du cœur ; élasticité, contractilité des artères et des veines.*

ANATOMIE.

Division. — Cet appareil présente à étudier : 1° un organe central, le cœur ; 2° des vaisseaux qui se divisent en *artères*, chargées de porter le sang vers la périphérie, en *veines* qui ramènent le sang de la périphérie au centre ; les *capillaires* sont des vaisseaux très fins intermédiaires entre les artères et les veines (fig. 35).

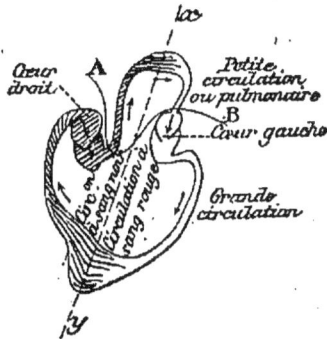

Fig. 35. — *Circulation.*

1. Cœur. — Muscle creux qui, par ses contractions, lance le sang dans les diverses parties de l'organisme.

Forme. Il a la forme d'un cône dont la pointe est en bas, incliné de droite à gauche et d'arrière en avant.

Volume. Comparable sensiblement, d'après Bichat, au volume du poing.

Situation. Il se trouve dans le thorax, au-dessus du diaphragme, entre les deux poumons ; il concourt à former le *médiastin* ; il est soutenu par sa base au moyen des gros vaisseaux. Sa partie inférieure (*la pointe*) est libre, et en mouvement continuel dans un sac membraneux, le *péricarde* ; ce sac a la forme d'un cône dont le sommet serait en haut, et la base sur le diaphragme.

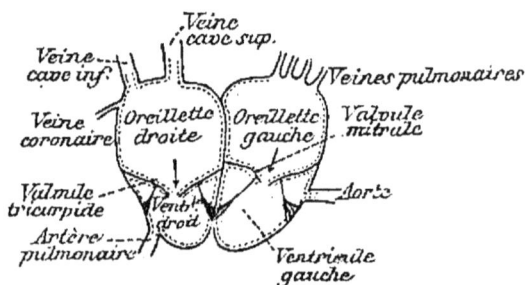

Fig. 36. — *Coupe théorique du cœur.*

Conformation. Il présente quatre cavités (fig. 36) deux à droite, deux à gauche ; les deux supérieures portent le nom d'*oreillettes*, les deux inférieures celui de *ventricules* ; les deux cavités situées à droite sont complètement séparées des deux cavités situées à gauche par une cloison sans ouverture ; à la partie supérieure, entre les oreillettes, c'est la cloison interauriculaire qui, à la partie inférieure, se continue avec la cloison interventriculaire entre les ventricules ; il y a donc un *cœur droit* (*veineux*), composé d'une oreillette, en haut, communiquant avec le ventricule, en bas, par une valvule (*auriculo-ventriculaire* ; *tricuspide* ou *triglochine*) et un cœur gauche (*artériel*) dont l'oreillette et le ventricule communiquent par la *valvule mitrale*.

Les *ventricules* présentent une cavité avec deux orifices : l'orifice auriculo-ventriculaire, et l'orifice artériel ; les parois de la cavité sont recouvertes par des prolongements (*colonnes charnues du cœur*), les plus importantes sont celles dont la partie fixe, musculaire, s'insère sur les parois, la partie mobile sur les valvules auriculo-ventriculaires.

Aux deux orifices artériels se trouvent les *valvules sigmoïdes* ; ce sont trois replis membraneux que l'on compare à trois petits nids de pigeon : le bord libre présente un noyau cartilagineux (*nodule d'Arantius* pour les valvules de l'aorte, de *Morgagni* pour celles de l'artère pulmonaire).

L'*oreillette gauche* présente à sa paroi supérieure quatre orifices sans valvules (*veines pulmonaires*) ; l'*oreillette droite* présente : 1° à sa paroi supérieure l'orifice de la veine cave supérieure sans valvule, 2° à sa paroi postérieure l'orifice de la veine cave inférieure (*valvule d'Eustachi* ; au-dessous se trouve l'orifice de la veine coronaire qui va au cœur (*valvule de Thébésius*).

1° Le *squelette fibreux* est formé par quatre   Structure.

anneaux correspondant aux quatre orifices de
la base des ventricules.

2° Les *fibres musculaires* sont des fibres *striées*
(contraction brusque) mais *anastomosées* et sans
myolemme : il existe des fibres spéciales à
chaque ventricule et à chaque oreillette ainsi
que des fibres communes.

Membranes séreuses. 1° L'*endocarde* tapisse les cavités du cœur ; il y
à un endocarde droit et un endocarde gauche.
Cette membrane continue la tunique interne des
artères et des veines et constitue les valvules, elle
est formée par des fibres élastiques anastomosées
et quelques fibres de tissu conjonctif.

2° Le *péricarde* est une séreuse qui tapisse la
face externe du cœur, il a la forme d'un cône
dont le sommet, en haut, se confond avec la tunique externe des artères ; en bas adhère au
centre phrénique. C'est une séreuse analogue à
l'arachnoïde et à la plèvre ; le feuillet pariétal
externe, mince, presque réduit à la couche épi-
théliale ; le feuillet viscéral recouvre le cœur, il
est constitué par une couche d'épithélium pavimenteux superficiel et une couche profonde.

2. Artères. — Sont des tubes élastiques et contractiles, destinés à porter vers la périphérie de
l'organisme le sang qui vient du cœur.

Trois tuniques :

Constitu- tion. 1° *Tunique externe* (celluleuse ou adventive),
est formée de tissu conjonctif à fibres entrecroi-
sées avec des fibres élastiques ;

2° *Tunique moyenne*, donne l'élasticité et la contractibilité; elle est formée de l'élément musculaire et de l'élément jaune élastique;

3° *Tunique interne*; séreuse, formée à l'intérieur d'une couche d'épithélium pavimenteux; à l'extérieur, elle est doublée d'une couche élastique.

On appelle *vasa vasorum* les petits vaisseaux nourriciers des artères; ils se distribuent dans la tunique externe.

On appelle *nerfs vaso-moteurs*, des nerfs fournis par le grand sympathique et allant aux artères.

Les principales artères sont : Division.

1° L'*aorte* qui, au niveau de la crosse, donne les artères du cou et du membre supérieur (*carotides* et *sous-clavières*) ;

2° Au membre supérieur, *humérale* (bras) ; *cubitale* et *radiale* (phénomène du pouls) (avant-bras).

3° L'aorte descend le long de la colonne vertébrale et donne des artères à l'estomac, au foie, à la rate, aux intestins, puis elle se divise en deux, une pour chaque membre inférieur : *fémorale* (cuisse), *tibiales* (jambe).

3. Capillaires. — Forment un système de canaux anastomosés intermédiaires entre les artères et les veines.

4. Veines. — Sont des vaisseaux chargés de ramener le sang de la périphérie au cœur.

Trois *tuniques* : Constitution.

1° *Tunique externe*; diffère de celle des artères

en ce que parfois elle contient quelques fibres musculaires ;

2° *Tunique moyenne*, gris rougeâtre ; fibres musculaires et élastiques moins nombreuses que dans les artères ;

3° *Tunique interne ou de Bichat*, comme celle des artères, présente des valvules.

Les *valvules* sont des replis de la tunique interne et des fibres longitudinales de la moyenne.

Elles sont disposées par paires, et leur bord libre plus épais regarde du côté du cœur. Ces valvules servent à empêcher le retour du sang en arrière. Les veines qui ne présentent pas de valvules sont : les veines cérébrales, rachidiennes, pulmonaires, porte, sus-hépatiques.

Division.   Tout le système veineux aboutit aux oreillettes :

Les veines pulmonaires à l'oreillette gauche, les veines caves et coronaires à l'oreillette droite ;

La *veine cave inférieure* ramène le sang des extrémités inférieures ;

La *veine cave supérieure*, le sang de la tête et du membre supérieur.

Veine porte. — Ramène dans le foie le sang de toute la portion sous-diaphragmatique du tube digestif : ce sang mélangé de chyle doit être élaboré dans le foie et fournir les matériaux nécessaires à la formation du sucre et, suivant quelques auteurs, de la bile ; du foie, le sang passe dans la veine cave inférieure, au moment où elle traverse le bord postérieur de cet organe.

PHYSIOLOGIE.

1. Sang. — Le sang est formé de parties solides et de parties liquides. Les parties solides sont des *globules* qui sont, soit des *globules blancs*, soit des *globules rouges*. Chez l'homme ils ont 7 μ de diamètre et 2 μ d'épaisseur. Les globules rouges se composent presque en totalité d'une substance, *hémoglobine*, à laquelle le sang doit sa couleur. Ils sont très nombreux (5 millions dans un millimètre cube). Les globules blancs sont plus volumineux et moins denses que les précédents. Le plasma ou partie liquide du sang est du *sérum*, tenant en dissolution de la fibrine, de l'albumine, et diverses substances.

Cent grammes de sang renferment :

79 grammes d'eau ;

21 grammes de substance sèche, qui se divisent en :

12 grammes de globule ;

6 — d'albumine ;

3 — de sels, graisse, sucre, fibrine.

Le sang renferme les mêmes gaz que l'air atmosphérique, mais leur ordre d'importance est précisément l'inverse de ce qu'il est dans l'air. L'acide carbonique est le gaz dominant du sang ; et l'oxygène y est plus abondant que l'azote, qui n'y existe qu'en faible quantité. L'oxygène introduit dans les poumons par la respiration se fixe sur l'hémoglobine, et est ainsi transporté dans les tissus. Ceux-ci rendent une quantité à peu près égale d'acide carbonique, qui se combine avec les carbonates alcalins du sérum, et les fait passer à l'état de bicarbonates. L'oxygène communique au sang une couleur rouge cerise (*sang rouge* ou *artériel*) et l'acide carbonique lui donne une teinte rouge pourpre (*sang noir* ou *veineux*).

Dans la petite circulation ou circulation pulmonaire, les expressions de sang rouge ou artériel et de sang noir ou veineux sont inexactes.

2. Physiologie de la circulation. — (Voir la figure 35). Découverte en 1619 par Harvey. — La circulation est le mouvement que le sang exécute à travers l'organisme. Ce mouvement est en effet circulaire, en ce sens que chaque particule de la masse du sang, qui sort d'une cavité du cœur, revient à son point de départ après un temps plus ou moins long. La circulation se fait sous l'influence des mouvements du cœur, qui se contracte (*systole*) ou se relâche (*diastole*). Il est démontré que deux cavités de même nom dans le cœur se contractent ou se relâchent simultanément, et que deux cavités de nom différent se contractent ou se relâchent alternativement. La systole des oreillettes chasse dans les ventricules le sang qui vient d'arriver par les veines. La systole des ventricules envoie le sang dans les troncs artériels en faisant claquer les *valvules auriculo-ventriculaires*; ce qui produit le *premier bruit du cœur*. Lorsque cesse la systole ventriculaire, le sang projeté dans le système artériel tend à refluer dans les ventricules, mais il développe dans son mouvement de retour les *valvules sigmoïdes* qu'il fait claquer (*deuxième bruit du cœur*), et qui lui barrent entièrement le passage. La pulsation cardiaque (*choc du cœur*) et le phénomène du *pouls* coïncident avec la systole ventriculaire. L'*élasticité* des artères supprime l'intermittence du mouvement donné par le cœur, elle rend le cours du sang uniforme, dans les capillaires ; elle facilite aussi le débit du cœur. Dans le système capillaire, le sang éprouve une résistance considérable et un ralentissement de vitesse. Enfin, dans le système veineux, le retour du sang est facilité par la présence des valvules qui viennent en aide aux forces motrices.

Les artères et les veines contiennent des fibres musculaires ; donc sous l'influence du système nerveux (*vaso-moteurs*), elles peuvent varier de capacité. L'*élasticité* au contraire ne dépend pas du système nerveux, mais simplement de la constitution des artères et des veines.

Contractilité des artères et des veines.

La cavité thoracique, en se dilatant, produit un vide (aspiration thoracique), qui tend à ramener le sang veineux vers le cœur. On évalue à sept litres environ la quantité de sang renfermée dans le corps de l'homme, et à vingt-cinq secondes la durée de la révolution circulatoire, c'est-à-dire le temps que met une molécule de sang pour revenir à son point de départ.

Aspiration thoracique.

CHAPITRE IV

VAISSEAUX ET GANGLIONS LYMPHATIQUES. ABSORPTION : FONCTION GLYCOGÉNIQUE DU FOIE.

— —

SOMMAIRE.

ANATOMIE. — *Définition, division, ganglions.*

PHYSIOLOGIE. — Absorption, fonction glycogénique du foie.

ANATOMIE.

Définition. Système de vaisseaux se réunissant en deux troncs et venant se jeter dans les veines (fig. 38).

Division. Les vaisseaux forment deux troncs :

1° La *grande veine lymphatique*, qui reçoit tous les vaisseaux lymphatiques de la partie droite du corps située au-dessus du diaphragme; elle est située sur la partie droite du cou et se jette à l'union des veines sous-clavière et jugulaire interne;

2° Le *canal thoracique* reçoit tous les vaisseaux lymphatiques, il commence au niveau de la deuxième vertèbre lombaire où il présente une dilatation (*citerne de Pecquet*). Il est étendu le long de la colonne vertébrale dont il longe la face antérieure. A la base du cou, il se jette dans la veine sous-clavière gauche, à son point de réunion avec la jugulaire interne.

La paroi est formée comme celle des artères et des veines par trois tuniques.

Constitution.

Les valvules sont disposées par paires comme dans les veines, mais elles sont plus nombreuses.

Ce sont des organes situés sur le trajet des vaisseaux lymphatiques par lesquels ils sont traversés. Une membrane formée de fibres de tissu conjonctif et de quelques fibres élastiques les entoure complètement ; elle envoie des cloisons vers le centre de la glande, ces cloisons divisent la glande en aréoles communiquant entre elles et remplies par du tissu lymphoïde : c'est une masse molle de tissu conjonctif réticulé, entremêlé de cellules lymphoïdes.

Ganglions. lymphatiques.

Les vaisseaux afférents sont ceux qui arrivent au ganglion.

Les vaisseaux efférents sont ceux qui en partent (hile).

Par tous les points de la surface pénètrent des vaisseaux sanguins.

PHYSIOLOGIE.

Pendant la digestion, les aliments ont été partagés, sous l'influence des divers sucs, en éléments assimilables, c'est-à-dire pouvant être absorbés par l'économie, et en éléments non

assimilables devant être rejetés au dehors.
L'absorption a pour but de faire pénétrer dans
l'organisme les éléments as-

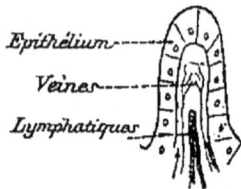

Fig. 37. — *Villosité intestinale.*

similables. Quand les aliments
ont été digérés, il faut qu'ils
puissent servir à la nutrition
des diverses parties du corps,
qu'ils quittent le tube digestif,
et c'est alors que commence le
rôle de l'absorption. Celle-ci
se fait surtout dans l'intestin grêle, où la surface d'absorption est énorme, à cause de la
présence des valvules conniventes et des villosités (fig. 37). Ces dernières présentent à leur sur-

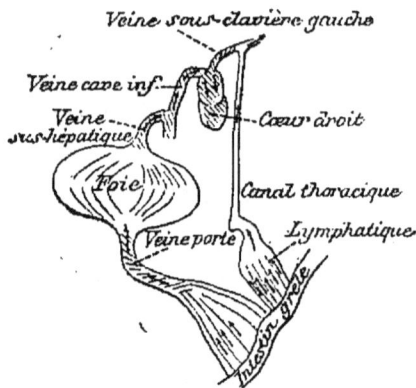

Fig. 38. — *Absorptino digestive.*

face un réseau san-
guin d'une grande
richesse, et à l'in-
térieur se trou-
vent des capillai-
res lymphatiques.
L'absorption ne
s'exerce que sur
les fluides et les
*organes de l'absorp-
tion sont les veines
et les vaisseaux
lymphatiques*; donc dans l'intestin l'absorption
des aliments modifiés (*peptones et glycoses*) se
fera par les veines et les vaisseaux lymphatiques (fig. 38).

Les matières grasses (comme on l'a vu) ne sont qu'en partie décomposées (*saponifiées*) par le suc pancréatique. La plus grande partie de ces matières reste à l'état d'émulsion, c'est-à-dire en gouttelettes très fines, mais leur absorption se fait par pénétration directe dans le protoplasme des cellules épithéliales, qui recouvrent les villosités. L'expérience a fait voir :

1° Que les *peptones et la glycose sont absorbés en grande partie par les capillaires sanguins*;

2° Que les matières *grasses passent presque uniquement par les lymphatiques des villosités*, ainsi que le démontre l'aspect lactescent des chylifères (vaisseaux lymphatiques de l'intestin) pendant la digestion.

Que les produits de la digestion soient absorbés par les veines ou par les chylifères, ils se rendent tous en définitive dans le système veineux, et aboutissent au cœur droit d'où ils passent dans les poumons : mais les aliments absorbés par le foie sont modifiés.

FONCTION GLYCOGÉNIQUE DU FOIE.

On a vu, en faisant la physiologie du tube digestif, le rôle de la bile : mais le foie possède encore une autre fonction, ce qui fait dire à certains auteurs que le foie représente deux glandes distinctes :

1° La *glande biliaire*, formée de tubes qui pénètrent le lobule hépatique, mais restent distincts, et sont tapissés de petites cellules épithéliales;

2° Le *foie glycogénique*, constitué par les grosses cellules hépatiques, disposé dans le réseau capillaire, intermédiaire à la veine porte et aux veines sus-hépatiques. Le foie glycogénique produit du sucre, qu'il verse dans les veines sus-hépatiques; il le produit aux dépens d'une matière *glycogène ou amidon animal*, et d'un ferment *diastasique* analogue à la diastase salivaire, qui transforme cette matière en glycose, comme la ptyaline ou la pancréatine le font pour l'amidon végétal (Claude Bernard). Non seulement le foie produit du sucre, mais il emmagasine, transforme et livre de nouveau, sous forme de glycose, le sucre absorbé dans l'intestin. Cette fonction glycogénique est réglée par le système nerveux. On produit en effet le *diabète artificiel*, c'est-à-dire la production considérable de sucre et son passage dans l'urine, en piquant la *base du quatrième ventricule*. Les voies par lesquelles sont transportées les substances absorbées sont représentées : 1° par les chylifères, surtout pour les graisses; 2° par la veine-porte pour les autres substances.

Pour d'autres auteurs, le foie n'est formé que d'une seule glande; les canalicules biliaires ne servant absolument que de canaux vecteurs pour la bile, et les cellules hépatiques servant à la fois à former la bile, et à transformer la glycose en matière glycogène qui s'emmagasine dans le foie. Le sucre qui n'est pas transformé passe dans les veines sus-hépatiques, et est brûlé dans le poumon; s'il n'est pas complètement brûlé, il passe dans le sang artériel, puis dans le rein où il traverse les glomérules de Malpighi, ce qui permet de trouver le sucre dans l'urine : le sang veineux qui se rend au foie vient de toute la portion sous-diaphragmatique du tube digestif, il est donc mélangé de sang et de chyle.

CHAPITRE V

SÉCRÉTIONS

—

Définition.

On donne le nom de sécrétions à certains matériaux extraits du sang par des organes spéciaux, transformés par eux et rejetés au dehors ou réabsorbés.

La sécrétion diffère donc de l'*excrétion* qui n'est qu'un simple choix, une filtration.

Division.

1° *Appareil urinaire,* — 2° *Glandes sébacées,* — 3° *Glandes sudoripares,* — 4° *Glandes mammaires,* — 5° *Glandes vasculaires, sanguines* : rate, corps thyroïde, thymus, capsules surrénales.

I. — APPAREIL URINAIRE.

C'est un appareil de sécrétion complet, comprenant (fig. 39) :

1° Un organe sécréteur, le *rein*;

2° Un conduit vecteur, l'*uretère*;

3° Un réservoir, la *vessie*;

4° Un conduit excréteur.

1. Reins. — Au nombre de deux : sont situés de chaque côté de la colonne vertébrale; à la partie supérieure et postérieure de l'abdomen. — *Situation.*

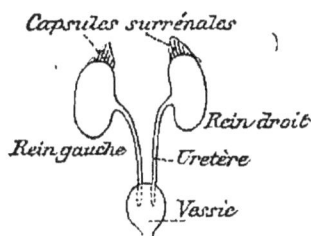

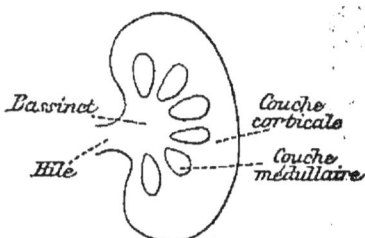

Fig. 39. — *Appareil urinaire.* Fig. 40. — *Coupe du rein.*

Aspect d'un haricot dont la partie convexe serait tournée vers l'extérieur, la partie concave (*hile*) vers la colonne vertébrale. — *Forme.*

Deux :

Externe, cellulo-graisseuse;

Interne, membrane mince et fibreuse, se continue avec la membrane externe de l'uretère. — *Enveloppes.*

Deux parties (fig. 40) :

Une couche périphérique, *corticale* ou *glanduleuse*; — *Tissu propre.*

4.

Une couche intermédiaire *médullaire* ou *tu-buleuse*.

La *couche tubuleuse* est formée par des tubes rec-tilignes en gros faisceaux coniques dont le som-met s'ouvre dans le ca-lice (*pyramides de Malpi-*

Fig. 41.

Fig. 42. — Pyramide.

ghi, sorte d'entonnoirs) au niveau du hile (fig. 41).

Entre les pyramides on voit des prolongements de la substance corticale (*colonnes de Bertin*) (fig. 42).

La *couche corticale* est formée de tubes flexueux (*tubes urinifères*) en grand nombre, et des cor-puscules spéciaux, *glomérules de Malpighi*.

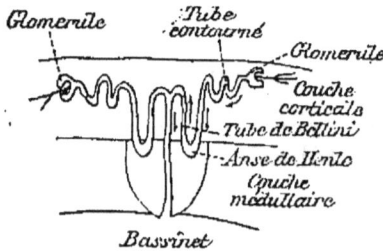

Fig. 43. — Marche d'un tube urinifère.

Le glomérule de Malpighi est une sorte d'entonnoir se trouvant à l'extré-mité d'un tube uri-nifère ; la paroi de cet entonnoir pré-sente une invagi-nation à l'extrémité supérieure, dans laquelle pénètrent des capil-laires artériels et veineux.

Si l'on suit un tube urinifère depuis son départ d'un glomérule (couche corticale) jusqu'à son orifice dans le bassinet (fig. 43);

On voit que :

1° Il se contourne sur lui-même ;

2° Il descend dans la substance médullaire et retourne dans la substance corticale (*anse de Henle*);

3° Il revient dans la substance médullaire (*tube de Bellini*) et se jette dans le bassinet.

α. Vaisseaux sanguins arrivant dans le glomérule ;

β. Glomérule filtrant l'urine ;

γ. Tubes urinifères (anse de Henle, tube de Bellini) portant l'urine dans le bassinet.

Résumé.

Les artères et les veines pénètrent par le hile, se divisent et arrivent dans la couche corticale en passant entre les colonnes de Bertin.

Vaisseaux.

2. Urétère. — Canal allant du rein à la vessie.

Au niveau du hile du rein, l'uretère se dilate et constitue le *bassinet*, sorte de réservoir, qui se divise en un certain nombre de tubes (*calices*) dont une extrémité embrasse une *pyramide*.

Forme.

Il pénètre à la partie inférieure de la vessie, dont la muqueuse soulevée empêche le retour de l'urine.

II. — Physiologie du rein.

C'est une fonction qui a pour but l'expulsion des principes liquides ou solides en dissolution, que l'économie ne peut pas utiliser.

Définition.

Fonctionne-
ment.

Le sang arrive dans les glomérules, et une partie des principes qui s'y trouvent contenus est expulsée en dehors; le rein agit comme un filtre, c'est un organe d'excrétion et non de sécrétion.

L'eau est exsudée par le glomérule, et les autres matières sont excrétées par les cellules de l'épithélium qui tapisse les tubes contournés.

L'excrétion de l'urine est continue, puisque le sang arrive sans cesse dans le glomérule; c'est pourquoi il était indispensable qu'il y eût un réservoir, la vessie.

Urine.

L'urine contient en dissolution des produits d'oxydation des matières azotées, l'*urée* et l'*acide urique* (chez les *herbivores* c'est de l'*acide hippurique*). Si l'on compare la composition du sang à celle de l'urine, on peut dire que l'urine est du sang privé de globules, de fibrine et d'albumine, mais contenant de l'urée, de l'acide urique et des chlorures, sulfates et phosphates, substances qui se trouvaient dans le sang, mais qui se rencontrent ici en plus grande quantité.

Remarque. — C'est dans la veine rénale que le sang est le plus pur de tout l'organisme car, en arrivant au rein, le sang sort des poumons où il a été décarburé et dans le rein, il perd l'urée qu'il contenait.

III. — GLANDES SÉBACÉES.

Glandes très petites situées dans l'épaisseur du derme; elles s'ouvrent dans les follicules pileux.

Ce sont des glandes en grappe très simples, qui laissent suinter au dehors une sorte de graisse, le *sébum*, qui empêche la peau de se ger-
cer (fig. 44).

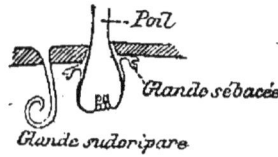

Fig. 44.

Les glandes de *Meibo-
mius*, dans les cartilages despaupières et les glandes du conduit auditif (*glandes cérumineuses*) sont analogues.

IV. — GLANDES SUDORIPARES.

Sont des glandes en tubes repliées sur elles-
mêmes ; la portion repliée se trouve dans le derme, et se continue par un tube rectiligne traversant l'épiderme et s'ouvrant au dehors (fig. 44).

V. — GLANDES MAMMAIRES.

Glandes en grappe composée, formées par un grand nombre de lobes et donnant naissance aux conduits galactophores, qui vont s'ouvrir par des orifices distincts au sommet du mamelon : elles sont donc formées par une réunion de glandes en grappe, entre lesquelles se trouve du tissu graisseux.

VI. — GLANDES VASCULAIRES SANGUINES.

1. Rate. — Glande vasculaire située à la partie gauche et supérieure de l'abdomen (hypochondre gauche).

Forme d'un croissant dont la concavité repose sur la grosse tubérosité de l'estomac.

Consistance très peu considérable.

La face externe est convexe; le face interne est percée d'une série de trous constituant le hile.

1° Membrane séreuse formée par le péritoine;

2° Membrane fibreuse, analogue à celle du foie, se réfléchissant au niveau du hile et formant la *capsule de Malpighi* analogue à la *capsule de Glisson du foie*. Cette capsule envoie des ramifications dans l'intérieur, et forme la charpente de l'organe.

Entre ces cloisons ou *trabécules* on trouve :

1° Du *tissu conjonctif* lâche;

2° Des *cellules lymphatiques* se transformant en tissu lymphoïde ;

3° Des *follicules clos*, sphériques, se montrant sur le trajet des artérioles;

4° La *boue splénique* ou *pulpe* est la substance molle remplissant les aréoles.

2. Corps thyroïde. — Est placé à la partie supérieure et antérieure de la trachée; sa *composition* est analogue à celle de la rate.

Il est formé de vésicules closes entre lesquelles se trouve du tissu conjonctif.

Son développement exagéré constitue le goitre.

3. Thymus. — Situé au-dessous du corps thyroïde, est une glande transitoire, de consistance molle; il est formé d'un agrégat de follicules clos, ses fonctions semblent les mêmes que celles des ganglions lymphatiques.

4. Capsules surrénales. — Glandes vasculaires sanguines situées à la partie supérieure de chaque rein ;

Couleur brun jaunâtre ; elles sont plissées extérieurement et ont une consistance assez grande ; le hile se trouve au niveau de la base ; on y trouve une enveloppe et des follicules clos.

VII. — PEAU.

La peau est formée de deux assises (fig. 45).

Comme tous les épithéliums, il est formé de Épiderme. cellules indépendantes, il ne contient ni vaisseaux ni nerfs ; il est formé de deux couches : la couche superficielle est *cornée*, la couche *profonde* se nom-

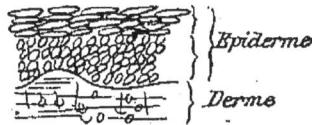

Fig. 45. — *Peau.*

me *couche muqueuse* ou *de Malpighi* (fig. 45).

Il est formé par des faisceaux conjonctifs qui Derme. se croisent suivant trois directions deux longitudinales, une verticale.

La face supérieure est lisse ou se soulève en forme de papilles ; on y trouve les terminaisons nerveuses (*corpuscules du tact*), des *glandes*, des follicules pileux.

CHAPITRE VI

OS, ARTICULATIONS, MUSCLES, LOCOMOTION

—

SOMMAIRE.

Système osseux. — **1**. Tête. *Crâne, face.* — **2**. Tronc. *Colonne vertébrale, thorax.* — **3**. Arc et membre supérieur. *Épaule, bras, avant-bras, main.* — **4**. Arc et membre inférieur. *Bassin, cuisse, jambe, pied.* — **5**. Articulations. *Diarthroses synarthroses, amphiarthroses.*
II. Système musculaire. *Division, classification.*
III. Locomotion. *Marche, course, saut.*

I. — Système osseux.

Le squelette présente à étudier :

1° La *tête* ;

2° Le *tronc* (colonne vertébrale et thorax);

3° Un *arc supérieur ou scapulaire* (l'épaule) s'articulant avec les membres supérieurs ;

4° Un *arc inférieur* ou *pelvien* (le bassin) s'articulant avec les membres inférieurs.

Crâne.   **1. Tête.** — Quatre os impairs médians : 1° *frontal* ; 2° *ethmoïde* ; 3° *sphénoïde* ; 4° *occipital* s'articule au moyen des deux condyles avec la première vertèbre, l'*atlas* ; présente le trou occipital pour le passage de la *moelle*.

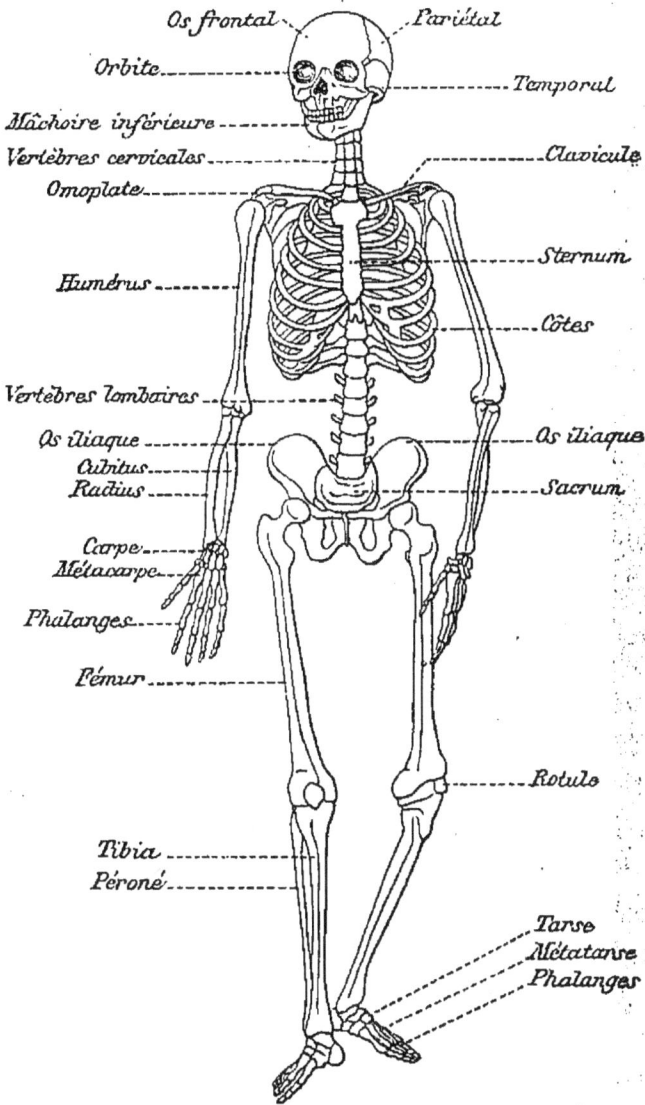

Os frontal — Pariétal
Orbite — Temporal
Mâchoire inférieure
Vertèbres cervicales — Clavicule
Omoplate
Humérus — Sternum
— Côtes
Vertèbres lombaires
Os iliaque — Os iliaque
Cubitus
Radius — Sacrum
Carpe
Métacarpe
Phalanges
Fémur
— Rotule
Tibia
Péroné
— Tarse
Métatarse
Phalanges

Fig. 46. — Le squelette.

Memento d'hist. nat.   5

Deux os pairs latéraux :

1° *Pariétaux* ;

2° *Temporaux* (région des tempes), présentant : α la *portion écailleuse*, avec l'*apophyse zygomatique* et la cavité *glénoïde*, articulaire avec la mâchoire inférieure ; β la *portion mastoïdienne* ; ϰ la *portion pierreuse* ou rocher contenant le conduit auditif.

Face. Quatorze os, deux impairs et médians, *maxillaire inférieur* (apophyses coronoïdes et condyles articulaires), *vomer*.

Six os pairs :

Les *deux maxillaires supérieurs*.

Les *os malaires*.

Les *os propres du nez*.

Les *os lacrymaux*.

Les *cornets inférieurs*.

Les *os palatins*.

Colonne vertébrale. **2. Tronc.** — Longue tige formée d'os nombreux (*vertèbres*), elle contient la moelle épinière et sert de soutien au squelette.

Une *vertèbre* se compose d'un trou vertébral (*canal rachidien*) limité en avant par le *corps de la vertèbre* ; du corps partent, en arrière, une *apophyse épineuse* ; latéralement, deux *apophyses transverses*, deux apophyses supérieures et deux inférieures (*apophyses articulaires*).

On la divise en quatre parties :

1° *Région cervicale*, sept : les deux premières, *atlas* et *axis* ; l'atlas articulé avec l'occipital et tournant autour de l'axe de l'axis ;

2° *Région dorsale*, douze (articulation avec les côtes);

3° *Région lombaire*, cinq;

4° *Région sacro-coccygienne*, deux: le *sacrum* est formé de cinq vertèbres soudées, et le *coccyx* de quatre.

Grande cavité contenant les organes centraux de la respiration et de la circulation; limité en arrière par la colonne vertébrale, latéralement par les côtes et les cartilages,· en avant par le sternum. *Thorax.*

Les *côtes* sont des arcs osseux au nombre de douze paires.

Les *vraies côtes* sont étendues des vertèbres au sternum, les *fausses côtes* ne se réunissent pas directement au sternum, les *côtes flottantes* sont les deux dernières. Le *sternum* est formé de plusieurs os aplatis; il est situé en avant du thorax; il s'articule en haut avec les clavicules, et latéralement avec les cartilages costaux; l'extrémité inférieure se nomme l'appendice *xyphoïde*.

3. Arc et membre supérieur. — L'épaule est formée de deux os : *Épaule.*

1° La *clavicule*, située à la partie antérieure et supérieure du thorax, s'articule avec le sternum et l'omoplate;

2° L'*omoplate*, os plat,· triangulaire, situé à la partie postérieure et supérieure du thorax.

La face antérieure est en rapport avec la convexité des côtes; la face postérieure est divisée en deux (*fosses sus et sous-épineuse*) par l'*épine de l'omoplate*, se terminant par l'*acromion*.

Le bord supérieur présente l'*apophyse coracoïde* et l'angle externe la *cavité glénoïde* articulaire pour l'humérus.

Bras. Un seul os, l'*humérus*; extrémité supérieure (tête de l'humérus), extrémité inférieure (*trochlée, cavité olécranienne en arrière, cavité coronoïde en avant*).

Avant-bras. Deux os :

Le *cubitus*, en dedans, plus long que le radius, s'articule avec l'humérus à l'extrémité supérieure; en arrière l'*olécrâne*, en avant l'apophyse coronoïde, à l'extrémité inférieure l'apophyse *styloïde*.

Le *radius*, en dehors, se croise dans les mouvements de la main avec le cubitus, il s'articule avec le carpe (scaphoïde, semi-lunaire).

Main. Le *carpe* est formé de deux rangées :

1º *Scaphoïde, semi-lunaire, pyramidal, pisiforme*;

2º *Trapèze, trapézoïde, grand os, os crochu*.

Le *métacarpe* est constitué par cinq colonnes osseuses.

Les *doigts* sont au nombre de cinq : de dehors en dedans; pouce, index, médius, annulaire, auriculaire.

Les *phalanges* sont au nombre de trois pour chaque doigt (première, deuxième et troisième phalange, ou phalange, phalangine, phalangette); le pouce n'en a que deux.

4. Arc et membre inférieur. — Formé de Bassin. deux os larges, les *os iliaques*, articulés en arrière avec le sacrum, en avant réunis ensemble ; chaque os iliaque est formé de trois os, l'*ilion*, le *pubis* et l'*ischion* intimement unis ensemble ;

Chaque os iliaque présente la *cavité cotyloïde*, correspondant à la cavité glénoïde, où vient s'articuler la tête du fémur.

Un seul os, le *fémur* (correspondant à l'hu- Cuisse. mérus); l'os le plus volumineux du squelette ; présente à la partie supérieure la tête et le col du fémur ; deux tubérosités (*grand et petit tro-chanter*) à la partie postérieure ; à l'extrémité inférieure se trouvent deux condyles, s'articulant avec le tibia (articulàtion tibio-fémorale, genou), et laissant une gorge à la partie antérieure où se trouve la *rotule* (os sésamoïde).

Se compose de deux os : Jambe. 1° Le *tibia*, le plus volumineux, articulé en haut avec le fémur, en bas il s'articule avec l'as-tragale et présente une saillie (malléole interne);

2° Le *péroné*, grêle, en dehors, articulé en haut avec le tibia, en bas avec le tibia et l'astragale ; forme, à l'extrémité inférieure, la malléole ex-terne ; il empêche le pied de tourner en dehors.

Correspond à la main. Pied. Le *tarse* est constitué par des os, disposés sur deux rangées :

La rangée postérieure, *calcanéum, astragale, scaphoïde.*

La rangée antérieure : *cuboïde, trois cunéiformes*.

Le *métatarse* est formé par cinq os parallèles, les métatarsiens, correspondant aux métacarpiens.

Les *orteils* correspondent aux doigts ; au nombre de cinq ; le premier, le plus interne, le gros orteil, le cinquième, le petit orteil.

5. Articulations. — On appelle ainsi l'union des os entre eux.

1° Les trois sortes de *diarthroses* ou articulations mobiles, se rencontrent surtout dans les membres.

Aux articulations, les surfaces des os sont revêtues de cartilages présentant une grande souplesse et une grande élasticité.

Une membrane ayant la forme d'un sac (*capsule synoviale*) sécrète un liquide (la *synovie*) et facilite les glissements.

Les os sont unis par des *ligaments*, formés d'une substance blanche, très résistante et très élastique.

2° Les *amphiarthroses*, articulations peu mobiles se rencontrent surtout dans le tronc (colonne vertébrale, cartilages intervertébraux .

3° Les *synarthroses*, articulations immobiles (crâne, face). Trois cas.

1° La ligne de suture peut disparaître avec le temps (maxillaire inférieur) ;

2° La suture peut présenter des dents (os du crâne).

3° Les surfaces sont juxtaposées (écaille du temporal) ; il n'y a ni membrane synoviale, ni ligaments.

II. — Système musculaire.

Muscles. — Ce sont les organes actifs de la locomotion.

Division.

1° *Muscles striés* soumis à l'influence de la volonté (sauf ceux du cœur), à contraction brusque.

2° *Muscles lisses*, non soumis à l'influence de la volonté, à contraction lente.

Les divers muscles tirent leur nom :

Classification.

1° De leurs insertions (sterno-cléido-mastoïdien, sterno-hyoïdien) ;

2° De leurs divisions (biceps, triceps) ;

3° De leur forme (deltoïde, pyramidal, digastrique, sphincters) ;

4° De leurs usages (extenseurs, fléchisseurs, abducteurs, adducteurs).

Remarque. — Si les insertions du muscle sont à la partie profonde de la peau, et s'il s'étend sous forme de lame mince, il prend le nom de muscle peaucier.

Les muscles s'insèrent sur les os au moyen de tendons, qui peuvent avoir une longueur plus ou moins grande. Ils ont une insertion fixe et une insertion mobile.

Insertions

Les muscles sont séparés par des aponévroses; on appelle muscles antagonistes ceux qui impriment aux leviers sur lesquels ils agissent des mouvements opposés (fléchisseurs, extenseurs).

III. — Locomotion.

C'est la fonction par laquelle le corps se transporte de lui-même d'un lieu à un autre.

Dans la marche, le corps ne quitte jamais le sol, tandis que dans la course et le saut, le corps reste suspendu pendant un certain temps. Il y a deux temps dans la marche ; celui du double appui, où les deux jambes sont en contact avec le sol, et celui de l'appui unilatéral, où le corps ne s'appuie que sur un membre inférieur.

Dans chacune de ces phases, les diverses articulations, les membres inférieurs se fléchissent et s'étendent tour à tour. Le tronc subit des oscillations verticales et des oscillations horizontales pendant la marche. Enfin, les bras oscillent en sens inverse des jambes, pour que le centre de gravité se projette toujours dans l'intérieur du polygone de sustentation.

Dans la *course* et le *saut*, les membres se fléchissent beaucoup pendant l'appui, et s'étendent brusquement pour projeter le corps en avant et en haut. Celui-ci abandonne alors le sol, mais, dans la course, il ne s'élève pas autant qu'on pourrait le croire, et l'effet produit par la suspension en l'air, tient à ce que les jambes se sont pour ainsi dire retirées du sol (expériences de M. Marey au Collège de France).

CHAPITRE VII

SYSTÈME NERVEUX

—

SOMMAIRE.

ANATOMIE.

Le *système cérébro-spinal*, soumis à l'influence de la volonté pour la vie de relation.

Le *système grand sympathique* ou *ganglionnaire*, non soumis à l'influence de la volonté, pour la vie végétative.

Composition.

5.

But. 1° Des organes périphériques reçoivent des impressions extérieures ;

2° Ces impressions sont transmises par des conducteurs centripètes (nerfs sensitifs) à des organes spéciaux (centres nerveux) ;

3° Les centres nerveux impressionnés agissent par des conducteurs centrifuges (nerfs moteurs), sur les organes (glandes, muscles).

I. — Système cérébro-spinal.

Division. Il comprend trois parties (fig. 47) :

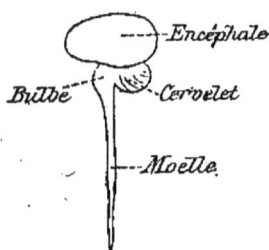

Fig. 47. — Système cérébro-spinal.

1° Les *centres nerveux* qui sont la *moelle*, dans le canal vertébral, et l'*encéphale*, dans le crâne (*bulbe, cervelet, cerveau*) ;

2° Les *méninges* sont les membranes qui entourent les centres nerveux ;

3° Les *parties périphériques* sont constituées par les *nerfs craniens* et les *nerfs rachidiens*.

A. — *Moelle épinière.*

Situation. Constitue la partie inférieure des centres nerveux. Elle est contenue dans le canal rachidien et s'étend du collet du bulbe à la première vertèbre lombaire.

Un peu aplatie d'avant en arrière, elle a une forme sensiblement cylindrique.

Forme.

Elle présente un renflement cervical (origine des nerfs du membre supérieur), un renflement lombaire (origine des nerfs du membre inférieur).

Présente le sillon *médian antérieur* : de chaque côté se trouve un faisceau blanc (le *cordon antérieur*) limité par l'insertion des racines antérieures des nerfs (fig. 48).

Partie antérieure.

La *commissure blanche* ou *antérieure* se trouve au fond, et réunit les deux parties de la moelle.

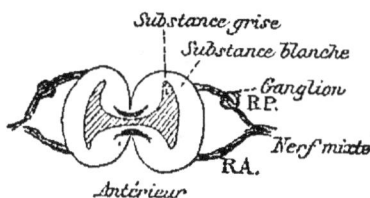

Fig. 48. — *Coupe horizontale de la moelle.*

Présente de même le sillon *médian postérieur*, le *cordon postérieur*, et la *commissure grise* ou *postérieure*. Dans la partie cervicale, le cordon postérieur se dédouble ; la *branche externe* devient, dans le bulbe, le *corps restiforme*; la *branche interne* devient, dans le bulbe, la pyramide postérieure ; le *sillon collatéral postérieur* se trouve à l'insertion des racines postérieures des nerfs.

Partie postérieure.

Face latérale. — Se trouve entre les racines postérieures et antérieures des nerfs rachidiens; limitée par le sillon collatéral antérieur ou postérieur, qui se voit lorsque les racines des nerfs ont été enlevées.

L'extrémité supérieure se termine au collet du bulbe, au niveau de l'axis ;

L'extrémité inférieure est effilée (filum terminale).

Structure. *Partie centrale.* — *Substance grise*, présente deux moitiés symétriques en forme de croissant ; la partie antérieure forme la corne antérieure.

La commissure grise (postérieure) présente un canal central non visible à l'œil nu (canal de l'épendyme).

Partie périphérique. — La *substance blanche* forme la partie périphérique (cordon postérieur, antérieur, latéral).

Enveloppes. Au nombre de trois :

1° *Pie-mère* ou névrilème interne ; fibreuse, très vasculaire, adhérente, s'enfonce dans les sillons : la pie-mère se réfléchit sur les nerfs et s'étend sur le *filum terminale* ; elle envoie des prolongements à la dure-mère (ligament dentelé).

2° *Dure-mère* externe, fibreuse, épaisse, s'applique sur l'os, où elle adhère assez peu.

Aux trous de conjugaison, elle se réfléchit, et se confond à l'extérieur avec le périoste.

Dans les trous de conjugaison, la pie-mère est en contact avec la dure-mère et s'unit à elle.

3° *Arachnoïde intermédiaire.* — Feuillet pariétal tapissant la dure-mère.

Feuillet viscéral tapissant la pie-mère, dont le sépare le liquide céphalorachidien.

B. — *Encéphale.*

1° La moelle allongée ou bulbe rachidien;

2° La protubérance annulaire ou pont de Varole;

3° Le cervelet.

4° Les tubercules quadrijumeaux;

5° Le cerveau.

1. Bulbe. — Continue la partie supérieure de la moelle; augmente de volume à la partie supérieure et se différencie : le canal central de la moelle devient le quatrième ventricule; la forme est celle d'un cône à base supérieure; le sommet est le collet du bulbe.

Face antérieure, *ligne médiane*; entre-croisement des pyramides, sillon médian antérieur.

De *chaque côté*, de dedans en dehors :

1° Pyramide antérieure (origine du moteur oculaire externe);

2° Sillon intermédiaire (origine du grand hypoglosse);

3° Olive ou corps olivaire.

Face postérieure, *ligne médiane*, *calamus scriptorius*, à la partie supérieure du sillon médian postérieur; une couche de substance grise de chaque côté forme les barbes du calamus scriptorius.

De *chaque côté*, de dedans en dehors, les pyramides postérieures et les corps restiformes.

Faces latérales, d'avant en arrière :

1° L'olive ;

2° Faisceau latéral (origine des nerfs spinal, auditif, facial) ;

3° Le sillon latéral (origine du pneumo-gastrique et du glosso-pharyngien) ;

4° Les corps restiformes en arrière.

PHYSIOLOGIE.

Le bulbe est surtout célèbre par les expériences dont il a été l'objet de la part de Flourens *et de* Claude Bernard. *C'est à la partie inférieure du plancher du quatrième ventricule que siège le nœud vital, ou centre des mouvements respiratoires. Une simple piqûre de ce centre suffit pour arrêter immédiatement la respiration et amener la mort subite chez les animaux à sang chaud. Un peu plus haut, la piqûre produit le diabète.* (Claude Bernard.)

2. Protubérance. — Située au-dessus du bulbe, donne naissance, à sa partie antérieure au trijumeau ; à sa partie postérieure, elle est séparée du cervelet par le quatrième ventricule ; sa face supérieure se confond avec les pédoncules cérébraux (n'existe que chez les mammifères).

3. Cervelet. — *Situation.* — En arrière de la protubérance, au-dessous de la partie postérieure et inférieure du cerveau.

Composition. — Deux lobes latéraux (hémisphères cérébelleux), réunis par un lobe moyen plus petit que les deux autres. La circonférence présente sur la ligne médiane une échancrure, logeant à la partie antérieure la protubérance, à la partie postérieure, la faux du cervelet.

Conformation intérieure. — Substance blanche au centre, envoyant des prolongements dans la substance grise (arbre de vie).

Pédoncules cérébelleux. — Sont des prolongements extrinsèques envoyés par la substance blanche.

Ils sont de trois ordres :

1° *Pédoncules cérébelleux supérieurs* allant au cerveau ;

2° *Pédoncules cérébelleux moyens*, réunissant les deux lobes du cervelet et allant à la protubérance ;

3° *Pédoncules cérébelleux inférieurs* allant au bulbe.

Le cervelet est le centre de coordination des mouvements de la locomotion.

4. Tubercules quadrijumeaux. — Sont situés en avant et au-dessus du pont de Varole ; ils sont formés par la continuation des fibres longitudinales du bulbe, formant deux faisceaux divergents, au-dessus desquels se trouvent quatre élévations, deux antérieures, deux postérieures ; ce sont les tubercules quadrijumeaux.

Au-dessus, se trouve la *glande pinéale* (fig. 49).

Au-dessous, un canal, *aqueduc de Sylvius*, va du quatrième ventricule dans le troisième.

Troisième ventricule. — Cavité creusée entre
les deux couches optiques, et traversée par les
pédoncules cérébraux (fig. 49).

A la partie inférieure se trouve un infundi-

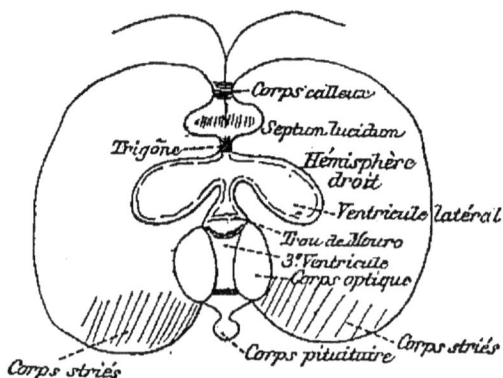

Fig. 49. — Coupe verticale du cerveau allant de droite à gauche.

bulum aboutissant au *corps pituitaire* ou hypo-
physe.

Le *trou de Monro* fait communiquer le troisième ventricule avec les deux ventricules latéraux situés dans chaque hémisphère cérébral.

Conforma-
tion exté-
rieure.
5. Hémisphères cérébraux. — Au nombre de
deux, séparés par une scissure longitudinale,
étendue de la partie antérieure à la partie postérieure, et dans laquelle se trouve la faux du
cerveau (fig. 50).

Lobes et sillons. — Au nombre de quatre pour
chaque hémisphère (frontal, sphénoïdal, pariétal,
occipital).

Les lobes présentent des circonvolutions séparées par des sillons (scissure de Sylvius, **entre** le lobe sphénoïdal et le lobe pariétal; sillon **de**

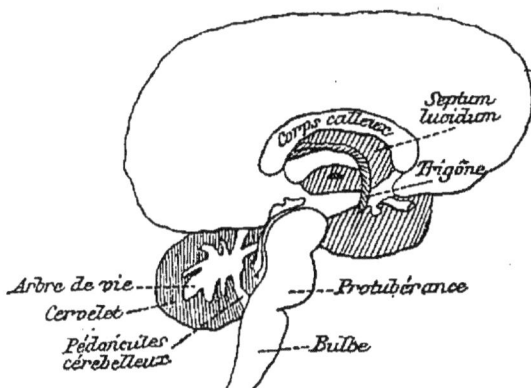

Fig. 50. — *Coupe antéro-postérieure du cerveau.*

Rolando, entre le lobe pariétal et le lobe frontal).
La partie centrale est blanche, la partie péri-

Conformation intérieure.

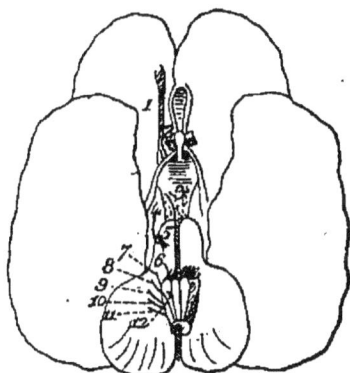

Fig. 51. — *Face inférieure du cerveau.*

phérique est grise (le contraire dans la moelle).
Au centre de chaque hémisphère se trouve le ventricule latéral (fig. 49).

Ventricule latéral. — *Base* formée par les couches optiques et les corps striés.

Voûte formée par le corps calleux ou mésolobe unissant les deux hémisphères, et au-dessous par le trigone cérébral ou voûte à quatre piliers.

Trigône. — Joint en arrière au corps calleux; séparé en avant par une cloison transparente (*septum lucidum*), composée de deux lamelles (entre les deux, ventricule de la cloison transparente) (fig. 49 et 50).

L'union des deux hémisphères se fait par :

1° Le Corps calleux ;

2° Les trois commissures, deux blanches, une grise.

α *Commissure blanche antérieure*, entre les corps striés.

β *Commissure blanche postérieure*, entre les couches optiques.

γ *Commissure grise*, dans le troisième ventricule, joignant les couches optiques.

Les hémisphères cérébraux sont le siège de l'intelligence, de l'instinct, de la mémoire et de la volonté : la seule localisation qui soit démontrée est celle du langage, dans la troisième circonvolution frontale gauche. (Broca.)

2. Méninges crâniennes.

1. **Pie-mère** (interne). — Membrane cellulo-vasculaire directement en contact avec l'encé-

phale ; s'enfonce dans toutes les cavités et circonvolutions, tandis que l'arachnoïde n'y pénètre
jamais : elle envoie entre les lamelles du cervelet une simple cloison ; à la base de l'encéphale elle se prolonge avec tous les nerfs craniens pour former leur névrilème.

2. Dure-mère (externe). — Membrane fibreuse,
en rapport à l'extérieur avec les os, elle se prolonge dans les trous de la base du crâne, par où
sortent les nerfs craniens. Sa surface interne
est en rapport avec le feuillet pariétal de l'arachnoïde. Elle envoie entre les hémisphères cérébraux une cloison verticale (*faux du cerveau*), et
une cloison étendue horizontalement entre le
cerveau et le cervelet (*tente du cervelet*).

3. Arachnoïde (intermédiaire). — *Feuillet pariétal*, en rapport avec la dure-mère.

Feuillet viscéral entoure l'encéphale ; ne pénètre
pas dans les enfoncements du cerveau, mais
passe comme un pont au-dessus des anfrac-
tuosités.

Liquide clair et transparent, situé entre l'arachnoïde et la pie-mère, et communiquant avec les
ventricules, ce liquide correspond avec celui qui
entoure la moelle épinière. *(Liquide cé-
phalo-rachidien.)*

But. — Protéger les centres nerveux, et empêcher la compression résultant de l'afflux du sang
dans les vaisseaux.

3. Parties périphériques.

A. — *Nerfs craniens.*

Origine. Au nombre de douze paires, naissent de la base de l'encéphale, s'entre-croisent et sortent par les trous de base du crâne (fig. 52).

Réelle. — Cellules nerveuses de l'encéphale, où vont aboutir les nerfs craniens ; ils perdent leur né-

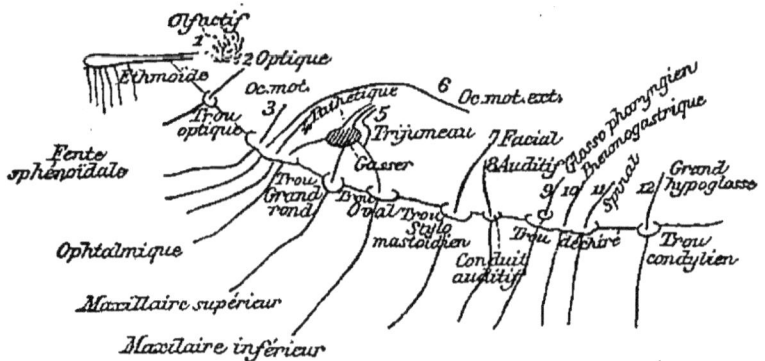

Fig. 52. — *Nerfs crâniens.*

vrilème en pénétrant dans la masse de l'encéphale.

Apparente. — Point où ils émergent de la masse de l'encéphale.

Division. 1° Moteurs ;

2° Sensitifs : ou de de sensibilité spéciale (sensoriels) pour les organes des sens, ou de sensibilité générale.

Première paire. **1. Olfactif** (Sensibilité spéciale). — Très court, forme d'un lobe, auquel les ramifications sont perpendiculaires.

Naît de l'espace perforé antérieur par trois racines, une grise, deux blanches. Il est plein chez l'homme, creux chez les animaux et communique avec les ventricules latéraux.

Sort par la lame criblée de l'ethmoïde.

Va au nez.

2. Optique (Sensibilité spéciale). — *Naît* des tubercules quadrijumeaux et des corps genouillés (partie postérieure de la couche optique). Il forme un ruban (bandelette optique) s'unissant sur la ligne médiane au ruban du côté opposé (chiasma). Deuxième
paire.

Sort par le trou optique.

Va à l'œil où il forme la rétine.

3. Oculo-moteur commun. (Moteur). — *Naît* de la face interne du pédoncule cérébral. Troisième
paire.

Sort par la fente sphénoïdale.

Va aux muscles de l'œil, sauf grand oblique et droit externe.

4. Pathétique (Moteur). — *Naît* en arrière des tubercules quadrijumeaux. Quatrième
paire.

Sort par la fente sphénoïdale.

Va au muscle grand oblique de l'œil.

5. Trijumeau (Mixte). — *Naît* sur le côté de la protubérance annulaire par deux racines, une petite *motrice*, une *grosse sensitive*, et donne le ganglion de Gasser, puis se divise en trois branches : Cinquième
paire.

1° *Ophtalmique*, *sort* par la fente sphénoïdale ;

2° *Maxillaire supérieur*, *sort* par le trou grand rond du sphénoïde ;

3º *Maxillaire inférieur, sort* par le trou du sphénoïde; il s'unit à la petite racine.

Sixième paire. **6. Oculo-moteur externe** (Moteur). — *Naît* dans le sillon séparant la protubérance du bulbe.

Sort par la fente sphénoïdale.

Va au droit externe de l'œil.

Septième paire. **7. Facial** (Moteur). — *Naît* du bulbe rachidien au-dessous de la protubérance.

Sort par le trou stylo-mastoïdien du temporal, après avoir pénétré dans le conduit auditif interne.

Va aux muscles de la face.

Huitième paire. **8. Auditif** (Sensibilité spéciale). — *Naît* à côté du facial qu'il accompagne.

Sort par le conduit auditif interne et se divise en nerfs cochléaire et vestibulaire.

Va à l'oreille.

Entre le facial et l'auditif se trouve le nerf intermédiaire de Wrisberg.

Neuvième paire. **9. Glosso-pharyngien** (Mixte). — *Naît* du sillon latéral du bulbe à la partie supérieure.

Sort par le trou déchiré postérieur où il forme le ganglion d'*Andersch*.

Va comme moteur au pharynx, comme sensibilité générale à l'isthme du gosier, comme sensibilité spéciale à la base de la langue (goût).

Dixième paire. **10. Pneumogastrique** ou **vague** (Mixte). — *Naît* au-dessous du glosso-pharyngien.

Sort par le trou déchiré postérieur où il forme le *ganglion jugulaire*.

Va à l'appareil respiratoire, au cœur, à l'appareil digestif.

11. Spinal (Moteur). — *Naît* : 1° par des racines venant du bulbe au-dessous du pneumogastrique ; 2° par des racines venant de la moelle.

Onzième paire.

Sort par le trou déchiré postérieur.

Va à divers muscles et à la glotte.

12. Grand hypoglosse (Moteur). — *Naît* du bulbe à la face antérieure.

Douzième paire.

Sort par le trou condylien antérieur.

Va aux muscles de la langue comme nerf moteur.

B. — *Nerfs rachidiens.*

Au nombre de trente et une paires.

Naissent de la moelle épinière par des racines antérieures motrices et des racines postérieures (présentant un ganglion) sensitives ; ces deux racines se réunissent et donnent un nerf mixte.

Origine.

Cervicaux : huit paires.

Dorsaux : douze paires.

Lombaires : cinq paires.

Sacrés : six paires.

Division.

Ces nerfs donnent quatre plexus :

1° Deux à la *partie supérieure* ; plexus cervical, *superficiel* (peau et muscles du cou), *profond* (muscles profonds du cou).

Le plexus brachial donne des branches aux muscles de l'épaule, du thorax et du membre supérieur.

Principaux nerfs : brachial cutané interne, musculo-cutané, médian, radial, cubital.

Les nerfs intercostaux, au nombre de douze paires, se portent dans les espaces intercostaux.

2° Deux à la *partie inférieure*, plexus lombaire ; nerfs allant à l'abdomen et à la partie antérieure de la cuisse, fémoro-cutané, musculo-cutané ou triceps.

Plexus sacré ; nerfs allant à la partie postérieure de la cuisse à la jambe, *petit sciatique*, *grand sciatique* donnant :

1° Le *sciatique poplité interne*, saphène externe, tibial postérieur, plantaire ;

2° Le *sciatique poplité externe*, tibial antérieur, des nerfs cutanés.

II. — SYSTÈME NERVEUX DE LA VIE ORGANIQUE.

Le nerf grand sympathique est situé de chaque côté et le long de la colonne vertébrale, il s'étend de la tête au coccyx.

Division. Portions cervicale, thoracique, abdominale et pelvienne.

Tronc. Le tronc est formé par un cordon qui s'étend de chaque côté de la colonne vertébrale et qui présente de distance en distance des renflements (ganglions) (fig. 53) :

Le *ganglion cervical supérieur* correspond à la base du crâne ;

Le *ganglion cervical moyen* n'est pas constant ;

Le *ganglion cervical inférieur* est situé **au niveau** de la première côte.

On appelle ainsi les filets qui lui sont fournis par les nerfs craniens et rachidiens.

Racines.

Chaque ganglion reçoit deux racines des nerfs rachidiens, une racine du nerf supérieur, une autre du nerf inférieur.

Naissent des ganglions et se portent dans diverses directions, accompagnent les artères ou, au niveau des viscères,

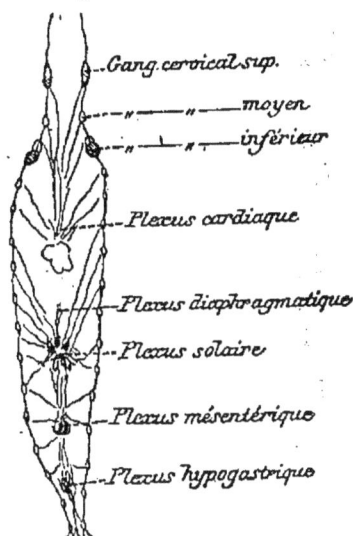

Branches.

Fig. 53. — Grand sympathique.

forment des plexus nerveux, portant le nom du viscère où ils se rendent.

Rameaux intra-craniens.

Rameaux extra-craniens (carotidiens).

Rameaux pharyngiens.

Supérieures.

Nerfs œsophagiens.

Nerfs vertébraux.

Nerfs du cœur ou cardiaques, constituant le *plexus cardiaque*.

Thoraciques.

S'enroulent autour de l'aorte et du tronc cœlique et donnent le *plexus solaire*.

Abdominales.

S'enroulent autour de la portion inférieure de l'anse abdominale (*plexus lombo-aortique*).

Pelviennes.

Plexus hypogastrique, a ceci de particulier qu'il contient des nerfs de la vie animale (volontaires) et des nerfs de la vie organique.

Physiolo-
gie.

Le grand sympathique ne constituant pas un système à part, partage les propriétés du système cérébro-spinal ; il est excitable par l'électricité et les agents chimiques, mais la volonté n'a aucune action. Lorsque ces mouvements sont produits par une excitation artificielle, ils apparaissent lentement et disparaissent lentement ; il se rend surtout aux muscles de la vie organique (intestin, poumon, cœur), le nerf vague ou pneumogastrique se rend également à ces organes.

CHAPITRE VIII

ODORAT

—

Les fosses nasales ; elles sont situées à la partie supérieure du nez, et donnent la sensation des odeurs (olfaction). **Siège.**

La muqueuse des fosses nasales (*membrane pituitaire* ou de Schneider) est recouverte de cils vibratiles qui manquent à la partie supérieure(*région olfactive* ou *jaune*) (fig. 54). **Conformation.**

Dans la région olfactive seule (à la partie supérieure) pénètrent les ramifications des nerfs olfactifs ; on trouve à l'extré-

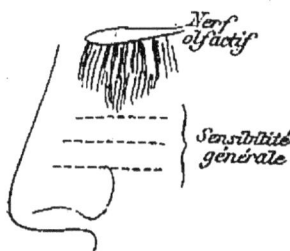

Fig. 54. — Olfaction.

mité terminale de ces nerfs les cellules olfactives, sur lesquelles agissent les corps odorants.

Les ramifications du nerf olfactif sont perpendiculaires à la direction du tronc de ce nerf.

Nerf olfactif. **Nerf.**

L'olfaction siège à la partie supérieure des fosses nasales ; les branches du trijumeau qui se distribuent **Physiologie.**

à la muqueuse olfactive, lui donnent seulement la sensibilité générale : ce nerf préside à la nutrition de la muqueuse, par conséquent il est indispensable.

Il faut que le courant d'air chargé de particules odorantes aille de l'extérieur à l'intérieur (fume t des vins).

CHAPITRE IX

GOUT

—

Principalement, la face dorsale de la langue. **Siège.**

La gustation est le sens donnant la sensation des saveurs.

La surface de la langue présente de nombreuses saillies (papilles) : la plus grosse (trou borgne) (fig. 55) est située au tiers postérieur de la ligne médiane elle forme le sommet du V lin- **Conformation.**

Fig. 55. Fig. 56. Fig. 57. — Goût.

gual (*papilles caliciformes*) en avant se trouvent des *papilles fungiformes* (forme d'un champignon) et des *papilles filiformes* très nombreuses (fig. 56).

Le *glosso-pharyngien* arrive à la base de la langue (sommet du V) et sert pour les saveurs amères (fig. 57). **Nerfs.**

6.

Le *lingual* va à la pointe de la langue (saveurs acides ou sucrées).

La gustation est localisée à la surface de la langue, dont la muqueuse est aussi le siège de la sensation générale du tact. Il n'y a de véritablement sapides que les corps amers ou sucrés ; les sensations se localisent dans les papilles linguales surtout les papilles caliciformes.

CHAPITRE X

TACT

—

SOMMAIRE.

Siège, appendices tégumentaires. *Poils, ongles, papilles*, physiologie.

Le sens du toucher réside dans les parties du corps en contact avec l'air extérieur (peau, muqueuses). Siège.

Les *poils* sont formés par la couche cornée de l'épiderme, ils sont fixés dans une dépression Appendices tégumen-taires. de l'épiderme (*follicule pileux*) (fig. 58); au fond se trouve la papille du poil chargée de le former; un poil est formé d'une partie centrale (moelle 1), d'une partie intermédiaire (substance corticale ou écorce 2) et d'une partie externe (cuticule 3).

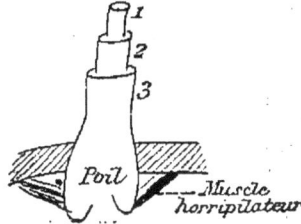

Fig. 58.

La partie située dans le follicule est la racine, la partie externe est la tige.

Les muscles horripilateurs sont des muscles lisses allant de la partie inférieure de l'épiderme au follicule ; ils produisent le redressement des poils (chair de poule).

Les *ongles* sont, comme les poils, une formation de la couche cornée de l'épiderme fig. 59). A la

Fig. 59.

partie inférieure de la couche cornée de l'ongle se trouvent beaucoup de vaisseaux, d'où la couleur rosée.

La couche supérieure du derme est relevée par endroits ; ce sont les papilles qui contiennent soit un ou plusieurs capillaires sanguins (*papille sanguine*) soit une anse nerveuse, *corpuscule du tact.*

Papilles.

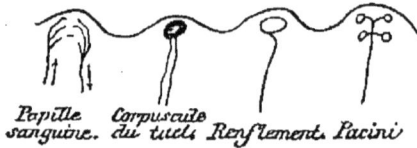

Fig. 60. — *Tact.*

Les *corpuscules du tact* sont la terminaison des nerfs sensitifs dans les papilles du derme (fig. 60) :

1° Les nerfs, au nombre de deux ou trois s'enroulent et forment un corps ovoïde, nommé *corpuscule du tact* (paume de la main, plante des pieds);

2° Parfois le nerf présente un simple *renflement terminal* ;

3° Les *corpuscules de Pacini* sont visibles à l'œil nu, et sont suspendus à l'extrémité des fibres nerveuses, comme un fruit à une branche.

Physiologie.

Le tact ou toucher est développé sur le tégument

externe tout entier, mais spécialement à la pulpe des doigts, sur les lèvres et sur la langue, ce sens a pour organes les papilles dermiques nerveuses contenant les corpuscules tactiles ou de Meissner. Les fonctions des corpuscules de Pacini sont moins bien connues. Ils sont surtout placés sur les parties collatérales des doigts. La peau, par sa sensibilité, donne des notions spéciales de pression (tact proprement dit, forme de corps) et de température. Le dos de la main est plus apte à apprécier les différences de température. Le paume de la main est plus apte à apprécier la forme des corps. L'habitude est pour beaucoup dans les notions de forme et de relief. (Expérience d'Aristote.) Certains poils peuvent servir au sens du tact. Les différentes surfaces muqueuses ne nous donnent que des sensations générales, c'est-à-dire vagues, douloureuses ou agréables, mais nullement localisées. Les tissus musculaires, osseux et tendineux, ne sont aussi que très vaguement sensibles, et seulement sous l'influence de quelques formes d'irritation (tiraillement, torsion). Il faut cependant noter le sens musculaire (sens de la contraction), comme une sensibilité spéciale du muscle.

CHAPITRE XI

OUIE ET AUDITION

—

Division. L'audition est le sens qui fait percevoir les sons. Trois parties :

1° *Oreille externe*, s'ouvrant au dehors directement par le méat auditif ;

2° *Oreille moyenne*, intermédiaire, communique avec l'air extérieur au moyen de la trompe d'Eustache ;

•3° *Oreille interne*, sert à recevoir les sons, tandis que les deux premières parties ne font que les transmettre.

Pavillon. **1. Oreille externe.** — Expansion en forme d'entonnoir présentant deux bourrelets concentriques (*Hélix, anthélix*).

Conduit auditif externe. Le *tragus* en avant et l'*antitragus* en arrière, sont des saillies qui se trouvent autour de la conque, au fond de laquelle s'ouvre le canal ostéo-cartilagineux, se terminant en dedans par

la membrane du *tympan* qui le sépare de l'oreille
moyenne.

2. Oreille moyenne (fig. 61). — Elle est formée
par la caisse du
tympan com-
muniquant au
dehors par la
*trompe d'Eus-
tache* qui s'ou-
vre dans le pha-
rynx.

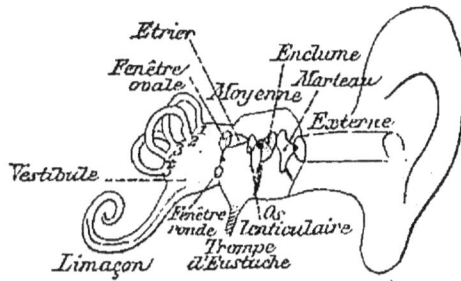

Fig. 61. — Coupe de l'oreille.

La paroi ex-
terne est fermée par la caisse du tympan.

La paroi interne présente la *fenêtre ovale* en
haut, la *fenêtre ronde* en bas, toutes deux fermées
par une membrane.

Un *prolongement* se présente (chez l'homme)
dans la portion mastoïdienne du temporal.

Le tympan est relié à la fenêtre ovale par
quatre osselets :

Le *marteau*, l'*enclume*, l os *lenticulaire* et l'*étrier*.

Le *marteau* (manche) est dans l'épaisseur du
tympan.

L'*étrier* est en contact direct avec la fenêtre
ovale.

Deux muscles, l'un du marteau, l'autre de
l'étrier, servent à tendre plus ou moins le tympan.

3. Oreille interne (labyrinthe). — Formée de
trois cavités communiquant toutes entre elles;

Vestibule.   Cavité centrale entre les canaux demi-circulaires et le limaçon; il présente sept *orifices* :

La fenêtre ovale.

L'orifice de la rampe vestibulaire du limaçon.

Les cinq orifices des trois canaux demi-circulaires.

Canaux demi-circulaires.   Trois; un horizontal, deux verticaux; chaque canal présente deux extrémités, dont l'une est renflée (ampullaire). Deux orifices des canaux s'ouvrent au même point dans le vestibule, ce qui ne fait que cinq orifices au lieu de six.

Limaçon.   Tube creux enroulé en spirale et divisé par une cloison en deux étages; la rampe vestibulaire, communiquant à la fenêtre ronde, et la rampe *tympanique*; on y trouve l'organe de Corti avec cellules spéciales (voir la figure 62).

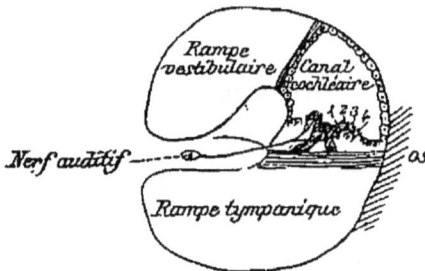

Fig. 62. — *Organe de Corti.*

4. Audition. — Le pavillon de l'oreille sert à recueillir les ondes sonores et à les concentrer. Son intégrité paraît nécessaire pour une juste appréciation de la direction des sons.

Oreille externe.

Oreille moyenne.   La membrane du tympan placée dans une position très oblique au fond du conduit auditif, recueille les vibrations de l'air et les transmet, par la chaîne des osselets, à la fenêtre ovale. La convexité en dedans (tension) est variable, et peut être modifiée par la contraction du muscle interne du marteau. Il en résulte une sorte d'adaption de la membrane selon l'amplitude ou la fréquence des vibrations à recevoir. Les cellules mastoïdiennes ont pour effet d'augmenter la capacité de la caisse et de rendre moins sensibles les changements de pression atmosphérique.

La trompe d'Eustache, qui ne s'ouvre qu'à chaque mouvement de déglutition, établit la communication entre la caisse et l'air extérieur de façon à amener l'équilibre de tension et de l'air extérieur avec celui de la cavité tympanique.

Le limaçon est l'organe essentiel de la perception musicale, par les fibres radiées de sa lame basilaire et les arcs de Corti. Les calculs établis entre le nombre des éléments de l'organe de Corti et l'échelle des sons musicaux confirment cette manière de voir. Les sacs vestibulaires jugent plus spécialement de l'intensité des sons, ou mieux des bruits. Peut-être les trois canaux semi-circulaires sont-ils disposés pour donner la notion de la direction des sons ; on leur attribue aujourd'hui des fonctions relatives à l'équilibration de l'animal (*sens de l'espace*).

Oreille interne.

CHAPITRE XII

ŒIL ET VUE

—

SOMMAIRE.

Division. — **1**. Membranes d'enveloppes. *Sclérotique,
choroïde.* — **2**. Diaphragme. *Iris.* — **3**. Lentille.
Cristallin. — **4**. Glace. *Rétine.* — **5**. Parties intermédiaires. *Cornée, cristallin, corps vitré.* — **6**. Appareil protecteur. *Sourcils, paupières.* — **7**. Appareil
moteur. *Muscles.* — **8**. Appareil lacrymal.

PHYSIOLOGIE. — **1**. Adaptation. — **2**. Formation des
images. — **3**. Propriétés physiologiques de la rétine.
— **4**. Différentes espèces de vues. — **5**. Vision droite.
— **6**. Persistance des impressions lumineuses. —
7. Aberration chromatique. — **8**. Aberration de
sphéricité. — **9**. Astigmatisme. — **10**. Irradiation.
— **11**. Vision binoculaire. — **12**. Vision simple. —
13. Relief des corps.

L'œil a la forme d'une sphère dont la partie
antérieure (*cornée*) serait plus bombée; il est
situé dans l'orbite.

Division. De même qu'une chambre noire, il présente à
étudier (fig. 63) :

1° Des parois (*membranes d'enveloppe*);

2° Un diaphragme (l'*iris*);

3° Une lentille (le *cristallin*);

4° Une glace recevant l'image (la *rétine*);

5° Des parties intermédiaires;

6° Un appareil de protection (*paupières, sourcils*);

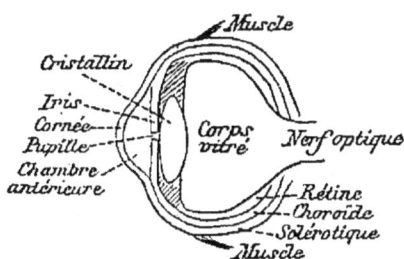

Fig. 63. — *Coupe de l'œil*.

7° Un appareil moteur (les *muscles*);

8° L'*appareil lacrymal*.

1. Membranes d'enveloppe. — C'est la mem- Sclérotique.
brane externe, elle est fibreuse, blanchâtre, et
donne insertion aux tendons des muscles de
l'œil; elle est percée de trous pour le passage des
artères et du nerf optique.

Elle devient transparente en avant pour former la *cornée*, membrane transparente sans vaisseaux, formée d'une partie propre limitée par
deux couches épithéliales; le *canal de Schlemm*
(veineux), circulaire se trouve à l'union de la
cornée et de la sclérotique.

C'est la membrane moyenne. A la partie anté- Choroïde.
rieure elle forme :

La *zone ciliaire, couche externe* (muscle ciliaire)
entourant le cristallin; *couche interne* (corps ciliaire) formée d'un ensemble de plis (procès
ciliaire) embrassant le cristallin.

Iris.
2. Diaphragme. — Membrane vasculo-musculaire (muscles radiés, circulaires), percée d'un trou (*pupille*) pouvant varier de grandeur sous l'influence des muscles; la face postérieure est formée par des cellules pigmentaires; la face antérieure a des couleurs diverses.

Cristallin.
3. Lentille. — Lentille très convexe, renflée surtout en arrière, et renfermée dans une capsule (*cristalloïde*) présentant à sa périphérie un canal (*canal godronné* ou *de Petit*).

Rétine.
4. Glace. — Épanouissement du nerf optique; formée de diverses couches (fibreuse, ganglionnaire, granuleuse, cônes et bâtonnets, ces derniers sont impressionnés par la lumière, et ne se trouvent pas dans la papille; la papille est l'endroit même où le nerf optique pénètre dans l'œil et s'épanouit).

Chambre antérieure.
5. Parties intermédiaires. — Comprise entre la cornée et l'iris, renferme l'humeur aqueuse.

Chambre postérieure.
Virtuelle, comprise entre l'iris et le cristallin.

Corps vitré.
En arrière du cristallin; on y distingue l'humeur vitrée et de la membrane hyaloïde.

Sourcils.
6. Appareil protecteur. — Arcade située au-dessus de la paupière supérieure, formée par la peau et les muscles, et présentant des poils.

Paupières.
Au nombre de deux, supérieure et inférieure, ce sont des voiles musculo-membraneux.

Elles sont formées par un cartilage (cartilage tarse) et des muscles (orbiculaires des paupières releveurs de la paupière supérieure); les *glandes de Meibomius* sont des glandes en grappe, sécrétant un liquide épais, qui empêche l'écoulement des larmes au dehors. A la partie interne se trouve la conjonctive (membrane muqueuse).

Les bords libres présentent les cils.

7. Appareil moteur. — 1° Muscle releveur de la paupière supérieure ;

Muscles.

2° Muscles droits, supérieur, inférieur, interne et externe ;

3° Grand oblique ;

4° Petit oblique.

A l'exception du petit oblique, leur point fixe s'insère autour du trou optique.

8. Appareil lacrymal. — 1° *Glande* située à la partie externe et supérieure de l'œil ; elle s'ouvre par plusieurs conduits.

2° *Voies lacrymales* à l'angle interne de l'œil, les points lacrynaux se continuent par les conduits lacrymaux, le sac lacrymal et le canal nasal, s'ouvrant dans les fosses nasales.

PHYSIOLOGIE.

1. Adaptation. — Les milieux de l'œil forment un appareil de réfraction constitué (fig. 64) :

1° Par une lentille plan convexe, la cornée et l'humeur aqueuse (1) ;

2° Une lentille biconvexe, le cristallin (2) ;

3° Un ménisque convergent, le corps vitré (3),

de telle sorte que l'on peut considérer ces trois lentilles comme n'en formant qu'une seule convergente CD (fig. 64).

Si l objet se rapproche, c'est-à-dire si p diminue, p' augmente, c'est-à-dire que l'image s'éloi-

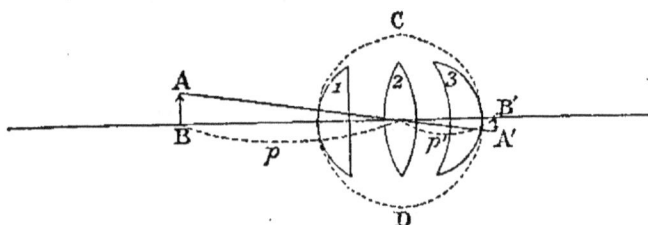

Fig. 64. — *Lentilles de l'œil.*

gne ; or, il faut que p' reste constant, c'est-à-dire que l'image A'B' vienne toujours se faire sur la rétine ; cette adaptation se produit par un changement de forme du cristallin dont la face antérieure augmente de convexité, quand on adapte l'œil pour la vision d'un objet très rapproché (*expérience des images de Purkinje*).

2. Formation des images dans l'œil. — L'œil peut être considéré comme une chambre noire, dont la lentille biconvexe (*cristallin*) donne une image réelle et renversée de l'objet. L'angle des rayons, correspondant aux points extrêmes, s'appelle : *angle visuel* ou *diamètre apparent*. La grandeur de l'angle visuel varie avec la grandeur de l'objet et sa distance à l'œil.

3. Propriétés physiologiques de la rétine. — La rétine présente à l'état normal, une coloration pourpre très intense; la matière colorante de la rétine est constamment détruite par la lumière, et constamment renouvelée par l'action de la choroïde.

4. Différentes espèces de vue. — Le point le plus rapproché pour lequel l'œil puisse s'accommoder, s'appelle : le *punctum proximum*; le plus éloigné est dit : *punctum remotum*.

Les images viennent toujours se faire sur la rétine, et le point le plus éloigné peut être considéré comme étant à l'infini, c'est-à-dire que des rayons parallèles, convergent toujours sur la rétine, lorsque l'œil est à l'état de repos.

Œil normal ou emmétrope.

Des rayons parallèles font leur foyer en avant de la rétine; ce défaut peut dépendre ou d'une trop grande longueur de l'axe optique, ou d'une trop grande réfringence des milieux de l'œil. Pour que l'image vienne se faire sur la rétine, on emploie des verres divergents.

Œil myope ou brachymétrope.

C'est l'inverse de l'œil myope. Les rayons vont faire l'image au delà de la rétine. Ce défaut provient d'une diminution de l'axe optique. Alors l'œil ne peut voir qu'avec un grand effort d'accommodation. On se sert de verres convergents.

Œil hypermétrope.

La presbyopie tient à un défaut d'accommodation. Sous l'influence de l'âge, le cristallin devient rebelle à l'action du muscle ciliaire, de telle sorte que cette lentille ne peut plus se bomber quand l'objet se rapproche, et s'aplatir

Œil presbyte.

quand il s'éloigne. On remédie à ce défaut par l'emploi de verres convergents.

Toutefois, dans le cas où la presbyopie survient dans un œil myope, il faudra des verres concaves, pour la vision des objets éloignés, et des verres convexes pour la vision des objets rapprochés.

5. Vision droite. — D'après Müller, quoique nous voyons les objets renversés, nous ne pouvons en acquérir la conscience que par des recherches d'optique. En voyant tout de la même manière, l'ordre des objets ne se trouve nullement altéré; chaque chose conserve sa position relative.

D'après la théorie de la projection, nous voyons les objets droits et non renversés, parce que nous transportons à l'extérieur toutes nos impressions visuelles, et par suite nous voyons chacun des points d'un objet dans la direction que les rayons lumineux ont dû suivre pour aller impressionner la rétine. Nos perceptions ne sont pas des images des objets, mais des actions des objets sur nos organes. Elle ne sont pas objectives, mais subjectives.

6. Persistance des impressions lumineuses. — Les impressions produites par l'action du corps lumineux sur la rétine, dure encore quelque temps après que l'agent d'excitation a cessé d'agir. Cette durée varie de 1/50 à 1/30 de seconde. C'est ainsi qu'un charbon ardent agité rapidement devant les yeux donne l'impression d'un trait ou d'un cercle. Si sur un disque circulaire tournant rapidement on a disposé les couleurs du spectre solaire, on ne voit pas ces différentes couleurs, mais de la lumière blanche.

7. Aberration chromatique. — L'aberration chromatique consiste en ce que les rayons des diverses couleurs, ne vont pas faire leur foyer au même point. Les diverses couleurs du spectre ne se superposent donc pas, et l'image est un peu irisée.

Imperfections de l'œil.

8. Aberration de sphéricité. — Elle consiste en ce que les rayons lumineux d'une même couleur, émis par un point, se rencontrent en des points différents, le foyer des rayons centraux étant plus éloigné que celui des rayons marginaux.

9. Astigmatisme. — L'astigmatisme est produit par certaines irrégularités dans la courbure des différents milieux de l'œil. Si l'on regarde deux fils, l'un vertical, l'autre horizontal, se croisant dans un même plan, le plus souvent, on ne pourra pas voir distinctement les deux fils; il faudra les éloigner l'un de l'autre.

10. Irradiation. — L'irradiation consiste dans ce fait que les surfaces éclairées paraissent plus grandes qu'elles ne le sont en réalité, et les surfaces obscures voisines paraissent diminuées d'une quantité correspondante.

11. Vision binoculaire. — La vision binocu-

7.

laire a pour but d'agrandir le champ visuel, et
surtout de fournir des notions exactes sur les
distances. Elle concourt aussi à faire connaître
la forme des corps ou la perception du relief.

12. Vision simple avec les deux yeux. — La
vue simple avec les deux yeux n'a lieu que dans
des points déterminés de la rétine. D'autres points
de cette membrane donnent toujours les images
doubles, lorsqu'ils sont affectés simultanément. Si
par exemple on fixe un objet avec les deux yeux,
de manière que son image tombe au centre des
deux taches jaunes, cet objet est vu simple.
La condition essentielle de la vue simple avec les
deux yeux est que l'objet soit placé au point
d'entre-croisement des deux lignes visuelles. Il
n'est pas nécessaire absolument que chaque
image se fasse sur la tache jaune, mais il faut
qu'elle se produise sur des points identiques de
la rétine.

13. Relief des corps. — Les deux yeux, à cause
de la distance qui les sépare, ne voient pas de la
même façon les corps qui ont une certaine épaisseur, tandis que les surfaces planes leur paraissent identiques.

DEUXIÈME PARTIE
VERTÉBRÉS ET INVERTÉBRÉS

Remarque préliminaire. — Pour faire l'étude de l'homme, nous avons successivement passé en revue les différents appareils qui constituent son organisme.

Nous suivrons le même plan dans la deuxième partie de ce travail; par exemple, supposons que nous voulions étudier la classe des oiseaux; nous diviserons notre travail de la manière suivante.

1° Nous *définirons* les oiseaux, c'est-à-dire que nous indiquerons en quelques mots leurs caractères spécifiques.

2° Tous les oiseaux ne se ressemblent pas; il y a donc des classes et des familles; ce sera la *division*.

3° Nous décrirons les différents appareils, en rapportant tout à l'étude de l'homme, faite précédemment, ce qui nous permettra de faire voir en quelques mots les analogies et les différences.

Le tableau suivant permet donc de rédiger deux sortes de compositions :

Suivant une ligne horizontale, c'est l'étude des mammifères (définition, division, tube digestif, etc.), oiseaux, reptiles, etc.

Suivant une ligne verticale, c'est :

3° Le tube digestif dans la série animale.

4° L'appareil respiratoire dans la série animale, et ainsi de suite.

Nous pouvions donc choisir entre ces deux systè-

mes ; nous croyons que, pour la clarté, il vaut mieux
étudier successivement les différentes classes d'animaux ; l'élève pourra par lui-même facilement com-
parer le même appareil chez les différents types.

Ce tableau servira donc de sommaire pour tous
les chapitres, car l'ordre sera toujours identique.

I. — VERTÉBRÉS

CHAPITRE XIII

MAMMIFÈRES

1. Définition. — Animaux vertébrés, à respiration pulmonaire, à circulation double et complète et à température constante.

2. Division. — Elle est fondée sur les modifications des membres antérieurs et postérieurs.

a. S'*ils ont des mains*, c'est-à-dire si le pouce est opposable aux autres doigts, ce sont les singes (simiens).

b. S'*ils ont des ailes*, c'est-à-dire que si doigts des membres antérieurs deviennent très longs et sont réunis entre eux par une membrane, ce sont les chauves-souris (cheiroptères).

c. S'*ils ont des pattes*, alors à l'extrémité se trouvent ou des *griffes* ou des *sabots*.

Si ce sont des griffes, ils se subdivisent d'après leur nourriture et par conséquent la forme de leurs dents en *carnivores, insectivores, rongeurs, édentés.*

Si ce sont des sabots, ils se subdivisent d'après le nombre de leurs doigts. S'il y en a cinq, ce sont les éléphants (*proboscidiens*).

S'il y en a quatre ce sont les *porcins.*

S'il y en a trois ou un seul les *jumentés* ou *péris-
sodactyles* (περισσος, impair ; δακτυλος, doigt) (daman,
rhinocéros, cheval).

Enfin, s'il n'y en a que deux, ce sont les *ruminants* (vache).

S'*ils ont des nageoires*, ce sont les *cétacés* (baleine).

Remarque. — Les *marsupiaux* (kangourou) sont
des animaux mammifères d'Australie ou des
régions voisines que l'on range dans une classe
spéciale.

3. Appareil digestif. — Si les animaux sont
carnivores, les canines sont très développées, et
les molaires tranchantes ; s'ils sont herbivores,
les molaires sont très larges (broyeuses) ; d'une
façon générale, la forme des dents indique le
régime alimentaire de l'animal. (Cuvier.)

Le tube digestif ne présente de modifications
importantes que chez les ruminants.

Estomac multiple (ruminants). — L'estomac du
bœuf et du mouton se compose de quatre poches
distinctes, différant par leurs dimensions, leur
forme et leur structure ; ce sont la *panse*, le
bonnet, le *feuillet*, la *caillette* (fig. 65).

Ce réservoir est celui qui, chez l'adulte offre
le volume le plus considérable. Il remplit presque
tout le côté gauche de l'abdomen et est divisé en
deux ventricules secondaires. Il présente à l'intérieur deux orifices : l'un étroit, l'autre large. Le
premier correspond à l'œsophage, le second au
bonnet.

Panse.

Bonnet. Cette poche intermédiaire entre la panse et le
feuillet, est renflée en cul-de-sac globuleux et
communique par un petit orifice avec le feuillet.

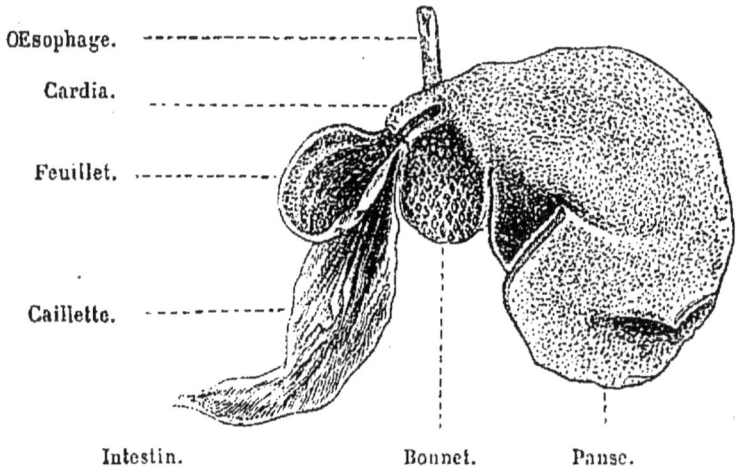

OEsophage.

Cardia.

Feuillet.

Caillette.

Intestin.   Bonnet.   Panse.

Fig. 65. — Estomac multiple des ruminants.

Feuillet. Le feuillet présente deux orifices, l'un dans le
bonnet et l'autre dans la caillette. Ces deux orifices sont reliés l'un à l'autre, en bas par une
gouttière lisse ; en haut par une série de lames ou
feuillets, divisant sa cavité en tranches (qui le font
ressembler à l'intérieur d'une lanterne véni-
tienne de forme sphérique).

Caillette. C'est l'estomac proprement dit, la poche acide où
s'accomplit la digestion stomacale. Les autres com-
partiments ne sont que de simples diverticules.

La *rumination* est l'acte par lequel les animaux
ramènent à la bouche, pour les soumettre à une
nouvelle mastication, les aliments déjà ingérés.

4. Appareil respiratoire. — Rien de particulier.

5. Appareil circulatoire. — Rien de particulier.

6. Appareil de sécrétion. — Rien de particulier.

7. Appareil moteur. — Ce sont les membres qui subissent les changements les plus importants; on a vu du reste que la division des mammifères repose sur ces modifications.

On trouve toujours un arc antérieur ou scapulaire, formé par l'omoplate, la clavicule pouvant être absente on non. L'arc postérieur est formé par le bassin constitué par les os iliaques (*ilion, pubis, ischion*). Les deux pubis peuvent ou non se réunir sur la partie médiane. Les membres se divisent toujours en trois parties, le bras correspondant à la cuisse, l'avant-bras correspondant à la jambe, la main correspondant au pied. Mais les os du métacarpe et du métatarse acquièrent une longueur considérable, et ils peuvent se souder ensemble, de façon à former quatre, deux ou un seul os.

1° Ce sont des animaux unguiculés et présentant quatre métatarsiens. Les pieds touchent le sol en bien par deux de ses doigts (*suidés*), ou par quatre de ses doigts (*hippopotamidés*). *Porcins.*

2° Il n'y a plus que deux os du métatarse (*ruminants*). Les deux os du métacarpe et du métatarse tendent à se souder ensemble pour former un seul os (fig. 66).

3° *Jumentés* ou *Périssodactiles*. — Tous les métacarpiens et les métatarsiens sont soudés en un seul, l'os *canon*; tous les doigts sont soudés en un seul qui a trois phalanges, la dernière phalange étant contenue dans une matière cornée : le sabot (fig. 67).

En résumé, ce sont les os de la main (carpe mé-

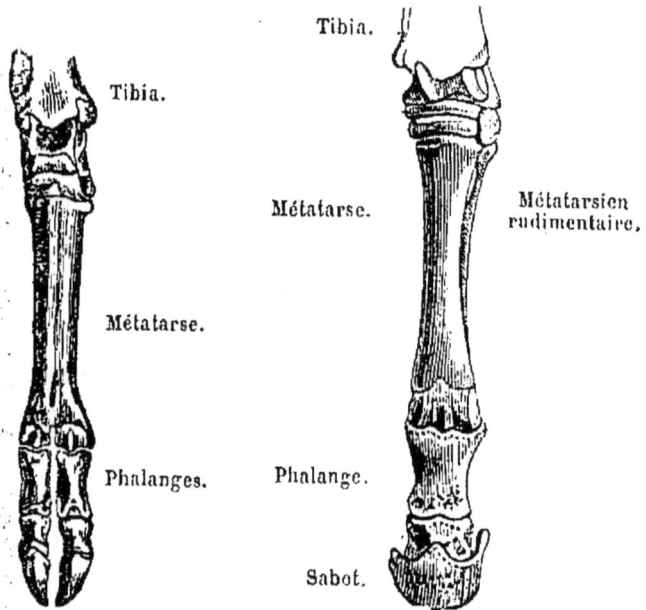

Tibia.

Métatarse.

Phalanges.

Fig . 66.
Pied de ruminant.

Tibia.

Métatarse.

Métatarsien rudimentaire.

Phalange.

Sabot.

Fig . 67.
Pied de cheval.

tacarpe et phalange), ou ceux du pied (tarse, métatarse et orteils), qui subissent les modifications.

8. Système nerveux. — Le cerveau est de moins en moins développé, à mesure que l'animal s'éloigne davantage du type de l'homme.

9. Organes des sens. — Ils sont plus ou moins développés suivant le genre de vie de l'animal.

CHAPITRE XIV

OISEAUX

1. Définition. — Animaux bipèdes, couverts de plumes, les membres antérieurs sont transformés en ailes, la respiration est pulmonaire, la température constante.

2. Division. — On les classe d'après la forme de leurs pattes.

S'ils ont les pattes courtes et les doigts palmés ce sont les *palmipèdes*.

Si les pattes sont longues et les doigts libres, ce sont les *échassiers*.

Si les pattes sont ordinaires, alors on tient compte du nombre des doigts; s'il y en a deux en avant, ce sont les *grimpeurs*; trois en avant, ce sont ou des *rapaces* s'ils ont la forme de serres, ou des *passereaux* et des *gallinacés*.

3. Appareil digestif. — La forme du bec varie suivant le régime de l'oiseau. La langue est mince (coq), ou charnue (perroquet). Le tube digestif présente un premier renflement, le *jabot*, où s'accumulent les graines; chez les pigeons les glandes du jabot sécrètent un liquide dont la composition rappelle celle du lait.

Le *ventricule succenturié* est le véritable estomac, car il contient les glandes à pepsine.

Le *gésier* forme une dernière poche dont les

parois musculaires sont excessivement épaisses et servent à broyer les graines.

4. Appareil respiratoire. — Il comprend non seulement des poumons, mais encore des réservoirs membraneux (*sacs aériens*), communiquant avec les poumons, et transmettant l'air dans diverses parties parties du corps. La trachée est longue, à anneaux nombreux et complets.

Les poumons sont deux petites masses spongieuses, dont la face supérieure, unie et imperforée, est moulée sur la voûte du thorax. La face inférieure est plane et présente les orifices communiquant avec les sacs aériens. Ils sont ou bien extrathoraciques, ou bien intrathoraciques.

Chez les oiseaux l'air remplace, dans les os, la moelle qui se trouvait chez les vertébrés. D'une façon générale, l'animal contient d'autant plus d'air intérieurement qu'il est meilleur voilier.

5. Appareil circulatoire. — Comme chez les mammifères.

6. Appareil de sécrétion. — Les deux reins sont *très allongés*; l'urine constitue une pâte blanche contenant beaucoup d'ammoniac (*guano*); elle se trouve mélangée avec les matières fécales avant d'être expulsée au dehors.

7. Appareil locomoteur. — Le nombre des vertèbres est variable (au cou de 9 à 24) les régions dorsales et sacrées sont soudées ensemble; le

sternum présente une carène médiane, le *bréchet*.
Le *membre antérieur* est transformé en aile; il

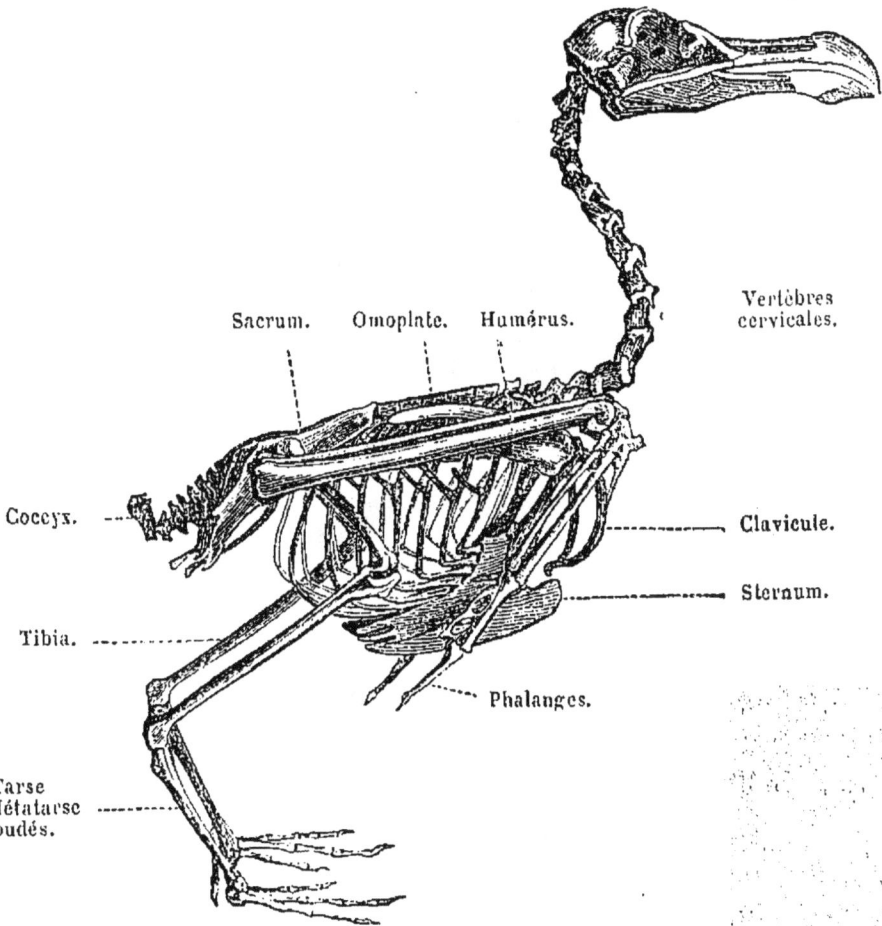

Sacrum.   Omoplate.   Humérus.   Vertèbres cervicales.

Coccyx.

Tibia.

Clavicule.

Sternum.

Phalanges.

Tarse
et Métatarse
soudés.

Fig. 68. — *Squelette de goéland.*

est constitué par un humérus, un cubitus et un
radius soudés ensemble, le carpe est formé de
deux os, le métacarpe de trois os soudés; il n'y a

que trois doigts : les plumes sont fixées sur ces dernières parties.

Le membre postérieur a un fémur plus court que le tibia. Celui-ci forme presque entièrement la jambe, car le péroné est réduit à un stylet osseux. Le tarse n'existe pas à proprement par-

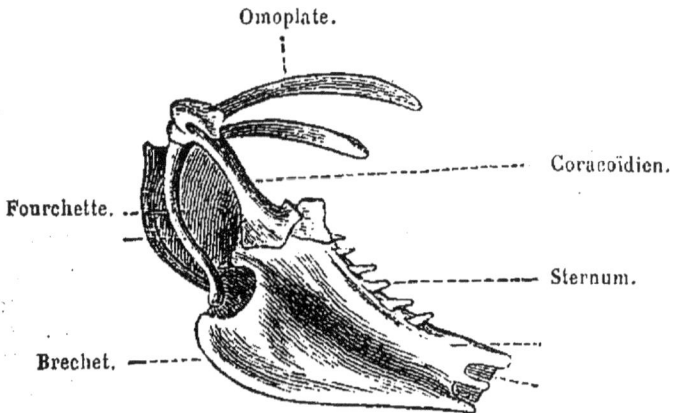

Fig. 69.

ler, car sa partie supérieure se soude avec le tibia, et sa partie inférieure se réunit aux os du métatarse, pour former une pièce unique : l'*os canon*. Il n'y a jamais plus de quatre doigts. Le pouce ou doigt interne a deux phalanges ; le deuxième doigt, trois ; le troisième, quatre ; le quatrième, cinq.

Le pouce est en général le seul dirigé en arrière.

8. Système nerveux. — Le cerveau ne présente pas de circonvolutions ni de corps calleux ; il n'y a que des tubercules quadrijumeaux : le cervelet est divisé en un lobe médian et deux petits lobes latéraux (fig. 70).

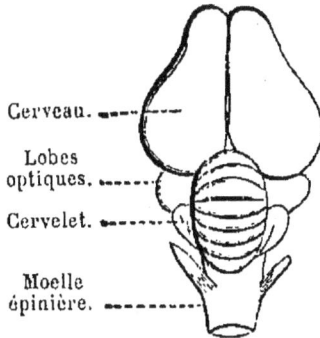

Fig. 70. — Cerveau d'autruche.

9. Organes des sens. —Ils sont peu développés, sauf l'organe de la vue. Pas d'oreille externe, un seul osselet réunit le tympan à l'oreille interne.

CHAPITRE XV

REPTILES

1. Définition. — Animaux vertébrés, à peau écailleuse ou couverte de plaques osseuses, respiration pulmonaire, température variable.

2. Division. — On les divise en quatre ordres :

1° Les *chéloniens* (tortue), une carapace, pas de dents ;

2° Les *crocodiliens*, pas de carapace, des dents ;

3° Les *sauriens* (lézard) ;

4° Les *ophidiens* (serpents).

Chéloniens.   **3. Appareil digestif**. — Les tortues n'ont pas de dents, elles sont pourvues d'un bec corné, assez analogue à celui des oiseaux. La langue est courte et non contractile.

Croco-diliens.   Les crocodiles et les caïmans, sont les seuls reptiles qui aient les dents implantées dans les alvéoles. La langue est peu développée et adhérente au plancher buccal. L'estomac ressemble au gésier des oiseaux.

Sauriens.   Les dents sont insérées sur les maxillaires, sur les palatins et sur les ptérygoïdiens. Les dents sont fixées soit sur le bord supérieur, soit sur le bord externe de l'os.

Ophidiens.   L'armature buccale est excessivement mobile, de telle sorte que la bouche peut acquérir un volume considérable. Les mâchoires inférieures

ne sont pas soudées sur la ligne médiane, elles
sont simplement réunies par un ligament élastique. Les dents sont coniques et implantées sur
les maxillaires, les palatins, les ptérygoïdiens.
La langue, appelée dard, est grêle et fourchue.

4. **Appareil respiratoire.** — Toujours des poumons, mais chez les ophidiens l'un d'eux est
plus développé que l'autre.

5. **Appareil circulatoire.** — Ou bien il y a deux
ventricules (*crocodiliens*) ou bien il n'y en a qu'un
(*chéloniens, ophidiens, sauriens*).

1° *Il y a deux ventricules*, alors il y deux cœurs
distincts, droit et gauche, de chaque ventricule
naît une aorte qui se recourbe en forme de
crosse ; ces deux artères se croisent et communiquent par un trou, le *pertuis de Panizza*, de
telle sorte qu'il y a mélange partiel du sang artériel et du sang veineux : ensuite les deux aortes
se réunissent ;

2° *Il y a un seul ventricule*, c'est-à-dire que la cloison qui sépare les deux ventricules est incom-
plète, de manière qu'il y a mélange partiel de sang
artériel et de sang veineux, mais les orifices artériels sont cependant dirigés de telle sorte que les
poumons reçoivent presque exclusivement du
sang veineux ; il en résulte que la température
du corps est variable (animaux à sang froid).

6. **Appareil de sécrétion.** — Les glandes à
venin sont les glandes parotides modifiées, et
contenues dans un sac fibreux, sur lequel vien-

nent s'insérer des faisceaux musculaires. Le venin
est amené par le conduit excréteur, à la base du
canal que présente le *crochet*. Quand l'animal est
au repos, les crochets sont reployés vers le palais, mais lorsqu'il veut se servir de ces organes,
l'animal les fait pivoter en avant au moyen de
muscles spéciaux. Du reste, l'abaissement seul de
la mâchoire fait prendre au crochet une direction verticale.

7. Appareil locomoteur. — La colonne vertébrale a une longueur variable (400 vertèbres chez
le *serpent python*). Chez le lézard une cloison
mince, non ossifiée, se trouve au milieu de chaque
vertèbre candale ; c'est là que la queue se casse
lorsqu'on prend l'animal par cet appendice.

Chez les tortues, les pièces médianes de la
carapace sont constituées en parties par les
apophyses épineuses des vertèbres correspon-
dantes.

Le sternum manque chez les ophidiens. Chez
les tortues, il forme une partie du plastron.

L'arc pelvien fait défaut chez presque tous les
serpents.

Les membres manquent chez les serpents et
un certain nombre de sauriens. Le membre antérieur est constitué par un humérus, un cubitus,
un radius distinct et un nombre variable d'os du
corps, du métatarse et des phalanges. Le membre
postérieur se rapproche par sa structure de celui
de l'oiseau.

L'épiderme présente un grand développement; il forme la carapace en partie chez les chéloniens, la peau des crocodiles n'a pas d'écailles proprement dites; ce sont des plaques dermiques, qui recouvrent la nuque, le dos et la queue.

Chez les *ophidiens*, l'épiderme se renouvelle périodiquement, la mue s'effectue plusieurs fois par an, et l'animal sort de son vieil épiderme comme d'un fourreau qu'il abandonne.

Cerveau......
Lobes optiques.....
Cervelet.....

Moelle.......

8. Systéme nerveux. — Très analogue à celui des oiseaux (fig. 71).

Fig. 71.
Cerveau
de reptile.

9. Organes des sens. — Le tympan est à fleur de tête : le limaçon n'est pas enroulé. Chez la plupart des reptiles il y a deux paupières, dont l'inférieure peut recouvrir l'œil.

CHAPITRE XVI

BATRACIENS

1. Définition. — Animaux vertébrés à peau généralement nue et adhérente simplement sur certains points.

Deux condyles occipitaux. Respiration toujours branchiale dans le jeune âge; pulmonaire et branchiale, ou pulmonaire seulement chez l'adulte. Température variable.

2. Division. — Trois ordres :

1° *Anoures*, présentent chez l'adulte des membres et pas de queue;

2° *Urodèles*, présentent des membres et une queue;

3° *Céciliens*, n'ayant jamais de membres.

3. Appareil digestif. — La cavité buccale présente une large ouverture, excepté chez les céciliens.

Les batraciens (crapauds) sont dépourvus de dents.

La langue manque rarement. La pointe de la langue est dirigée en arrière chez les grenouilles et les crapauds; elle est alors susceptible d'être projetée hors de la bouche pour la préhension des insectes.

L'œsophage est garni à l'intérieur de cils vibratiles qui dirigent les aliments vers l'estomac.

Il n'y a pas de glandes salivaires, il existe un foie et un pancréas.

4. Appareil respiratoire. — Il est variable avec les divers âges de l'individu. A l'état de larves, les batraciens respirent par des branchies ; à l'état adulte, ils ont tous des poumons, mais ils conservent ou perdent leurs branchies.

De l'œuf de la grenouille sort un têtard, muni d'une grosse tête et d'une queue, dépourvu de pattes et muni d'un appareil respiratoire.

Batraciens anoures. Métamorphoses.

Les branchies sont des organes qui permettent à l'animal de respirer l'air dissous dans l'eau.

Ce sont des membranes très minces, à l'intérieur desquelles se trouve le sang ; ce liquide n'est donc séparé de l'oxygène dissous dans l'eau que par une membrane très mince qui permet les échanges gazeux.

Donc, dans les poumons, l'air est à l'intérieur, le sang autour de l'organe ; au contraire, dans les branchies le sang se trouve au milieu de l'organe et le fluide respiratoire à la périphérie.

5. Appareil circulatoire. — Dans le jeune âge (respiration branchiale), cet appareil rappelle celui des poissons. Dans l'âge adulte (respiration pulmonaire), il se rapproche de celui des reptiles.

Dans le jeune âge, le cœur se compose d'un ventricule et d'une oreillette.

Celui-ci est suivi d'un tube (bulbe artériel), qui

8.

fournit les artères des branchies et du reste du
corps (fig. 72).

Quand les poumons apparaissent, les dernières

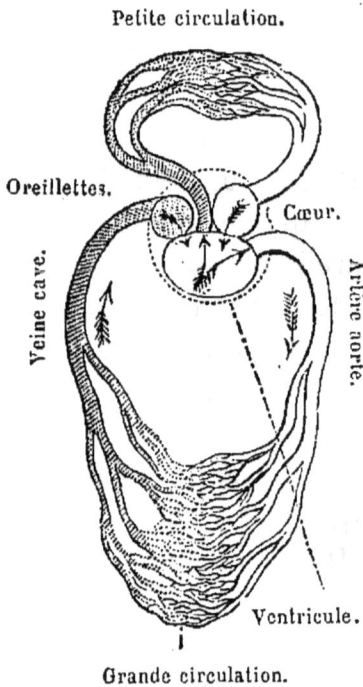

Petite circulation.

Oreillettes.

Cœur.

Veine cave.

Artère aorte.

Ventricule.

Grande circulation.

Fig. 72. — *Circulation des
batraciens.*

paires d'artères bran-
chiales leur fournissent
une branche (artère
pulmonaire); en même
temps l'oreillette se di-
vise en deux par une
cloison verticale, et le
sang qui revient du
poumon arrive dans la
loge gauche de l'oreil-
lette.

**6. Appareil de sécré-
tion.** — Un appareil
urinaire complet : sous
la peau des glandes sé-
crétant du mucus ou
des liquides causti-
ques. Chez les crapauds
on trouve des glandes
à venin au niveau de la région parotidienne.

7. Appareil locomoteur. — Chez les céciliens
la colonne vertébrale est très développée.

Chez les batraciens anoures (grenouille) les
membres antérieurs et postérieurs sont normaux :
les os du corps et du tarse sont en nombre variable (fig. 73).

8. Système nerveux. — Comme chez les rep-

tiles, mais le cervelet est très peu développé ; la
moelle épinière occupe toute la longueur du

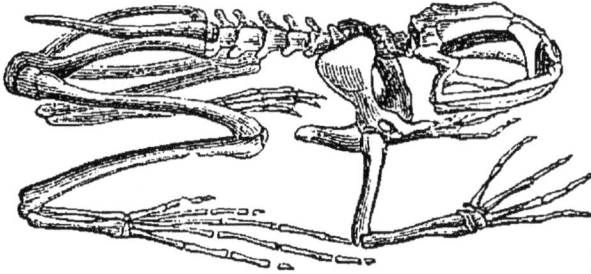

Fig. 73. — Squelette de grenouille.

canal vertébral, absolument comme dans tous les
autres vertébrés.

9. Organes des sens. — Le toucher est plus
développé que chez les reptiles. Chez les céciliens
et les urodèles il n'y a pas de caisse ni de membrane du tympan ; ces organes existent chez les
anoures ; le limaçon est atrophié.

CHAPITRE XVII

POISSONS

1. Définition. — Animaux ayant la peau généralement écailleuse et rarement nue ; des nageoires
paires et des nageoires impaires toujours munies
de rayons ; les vertèbres généralement biconcaves,
la respiration branchiale. Température variable.

2. Division. — On les divise d'abord en deux
classes : 1° ceux qui ont un seul orifice nasal
sur la ligne médiane (*cyclostomes*) ; 2° ceux qui
ont deux orifices nasaux (*plagiostomes, ganoïdes,
téléostéens*).

3. Appareil digestif. — Chez les cyclostomes
la bouche est circulaire et toujours dépourvue
de mâchoire. Elle a la forme d'une ventouse.
Elle est hérissée de pointes cornées, jusqu'à la
partie antérieure de la langue ; les autres poissons ont une bouche disposée pour la mastication.

Généralement la bouche a la forme d'une fente
transversale, les dents n'adhèrent qu'à la muqueuse et ne sont jamais implantées dans les
alvéoles. Elles sont renouvelées à mesure qu'elles
tombent par d'autres dents qui, nées en arrière,
s'avancent pour les remplacer.

L'œsophage est court ; l'estomac présente un
grand cul-de-sac, et est séparé de l'intestin par
une valvule. A l'origine de l'intestin se trouvent

souvent des appendices en cul-de-sac (*appendices
pyloriques*), sécrétant un liquide acide, qui complète l'action du suc gastrique. Les poissons ont
un pancréas.

4. Appareil respiratoire. — Formé par des
branchies parallèles situées de chaque côté de la
tête, et recouvertes par un appareil operculaire.

L'eau entre par la bouche et sort par les ouïes,
après s'être trouvée au contact des branchies : pour
cela les opercules se soulèvent et comme une
membrane empêche l'eau de pénétrer par les
ouïes, le liquide doit passer par la cavité buccale.

On désigne sous ce nom ou sous celui de vessie
aérienne, une poche remplie de gaz située dans
la cavité abdominale, au-dessous de la colonne
vertébrale. Par sa forme et sa structure, elle se
rapproche des poumons, tandis que par ses con-
nexions vasculaires et nerveuses, elle s'en éloigne
sensiblement. Elle constitue néanmoins un appareil de respiration, car, lorsqu'on laisse les
poissons s'asphyxier, il consume l'oxygène contenu dans ce réservoir; la vessie aérienne fait
défaut chez un assez grand nombre de poissons.

Cet appareil mérite peu le nom de vessie natatoire, car les poissons qui en sont pourvus se
trouvent dans des conditions défavorables à la
natation. Pendant les mouvements d'ascension
ou de descente librement exécutés par un poisson, le volume de sa vessie augmente ou diminue,
mais c'est sous l'influence de la colonne d'eau

*Vessie
natatoire*

qu'il supporte et nullement par une action musculaire. Le poisson se conduit donc comme un
ludion. Les poissons sans vessie natatoire sont
toujours *plus lourds que l'eau*, et ne peuvent rester
immobiles sans descendre. Alors ils reposent au
fond de la mer (raies et soles), ou ce sont des
poissons comme le *requin* que la présence d'une
vessie gênerait dans leurs mouvements brusques
de montée ou de descente. Les poissons à vessie
trouvent toujours une certaine profondeur à
laquelle leur densité est égale à celle de l'eau.
Dans ce plan d'équilibre, ils sont avantagés pour
se mouvoir. En effet s'ils montent, la vessie se
gonfle et menace de les entraîner à la surface;
s'ils descendent, la vessie diminue et menace de
les faire tomber au fond.

5. **Appareil circulatoire.** — Le cœur est veineux (fig. 74); il est formé d'une oreillette et d'un
ventricule. Le sang veineux arrive dans l'oreillette, passe dans le ventricule et est lancé dans
les branchies, où il est au contact de l'oxygène;
les arbres épibranchiales contenant le sang rouge
se réunissent pour former l'aorte qui distribue
le sang dans tout le corps.

6. **Appareil de sécrétion.** — Les reins sont
simples ou divisées en lobes.

7. **Appareil locomoteur.** — 1° Chez les *cyclostomes* la colonne vertébrale est rectiligne et ne
présente pas de vertèbres; on l'appelle notocorde.
Chez les *plagiostomes*, les vertèbres se différen-

cient, mais restent cartilagineuses. Chez les autres
poissons les vertèbres sont biconcaves (*amphicé-
liques*). Le nombre des vertèbres est très variable.

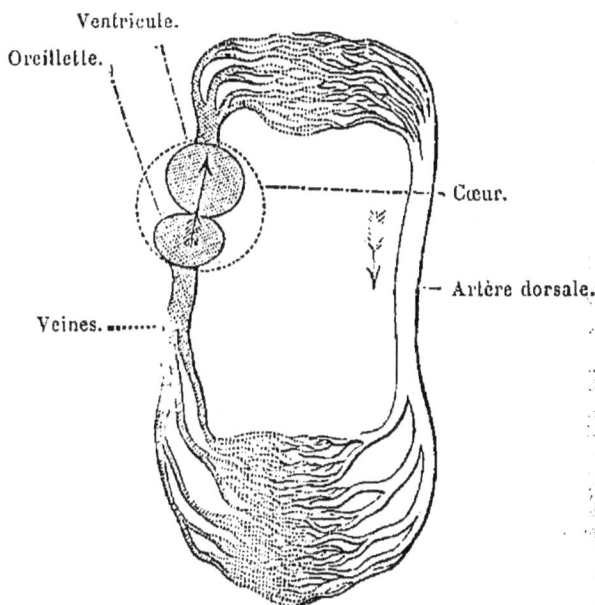

Fig. 74. — *Circulation des poissons*.

La colonne vertébrale se termine de trois façons.

1º L'extrémité de la colonne vertébrale se pro-
page en ligne droite dans la nageoire caudale, qui
est arrondie. On dit alors le poisson *diphycerque*.

2º L'extrémité de la colonne se redresse et la
nageoire caudale est divisée en deux parties iné-
gales (*poissons hétérocerques*).

3º La colonne se redresse, mais la nageoire
paraît néanmoins symétrique (poissons *homo-
cerques*, carpes).

La tête est cartilagineuse chez les cyclostomes et les plagiostomes. Elle ne présente pas de suture. Les côtes sont généralement rudimentaires ; il ne faut pas confondre avec elles les organes costiformes, désignés sous le nom d'arêtes. Ces dernières doivent être considérées comme des faisceaux intermusculaires plus ou moins ossifiés.

8. Système nerveux. — La moelle épinière occupe toute l'étendue du canal vertébral ; elle présente un ganglion caudal, d'où naissent les nerfs de la nageoire caudale. Le cerveau présente à la partie antérieure : les lobes olfactifs, puis les hémisphères cérébraux, très petits, ensuite les lobes optiques, le cervelet médian, et de chaque côté les lobes pneumogastriques, au-dessous du cervelet et l'entourant ; il se continue avec la moelle épinière.

9. Organes des sens. — Les organes des sens sont les lèvres, et les barbillons qui sont autour de la bouche. La langue est rudimentaire. De chaque côté du corps se trouve des organes spéciaux innervés par le pneumogastrique : situés sur les flancs ils forment de chaque côté une ligne, la *ligne latérale*. Il n'y a ni oreille externe, ni oreille moyenne, ni limaçon. Il existe un ou deux canaux semi-circulaires. L'œil est plus ou moins aplati en avant, mais le cristallin est très bombé et presque sphérique.

II. — INVERTÉBRÉS

CHAPITRE XVIII

TUNICIERS

1. Définition. — Animaux à symétrie bilatérale, en forme de sac ou de tonneau, solitaires ou agrégés, munis d'une enveloppe, présentant deux orifices, un cœur simple et des vaisseaux. Respiration branchiale. Un seul ganglion nerveux. — Tous ces animaux sont marins.

On les étudie immédiatement après les vertébrés parce que, comme chez tous les animaux que nous avons étudiés jusqu'ici, on trouve de haut en bas, l'animal étant supposé sur le ventre : 1° le système nerveux central ; 2° la corde dorsale ; 3° le tube digestif ; 4° le cœur.

2. Division. — Deux classes : 1° ceux qui ont un appendice caudal persistant, ils sont libres (*appendiculariés*) ; 2° les *ascidiens*, libres ou fixes.

3. Appareil digestif. — L'orifice buccal, complètement dépourvu de mâchoires, conduit dans la cavité respiratoire au fond de laquelle se trouve l'entrée de l'œsophage. Entre ces deux orifices, on trouve un sillon cilié médian (gouttière hypobranchiale), située à la face ventrale de

la cavité respiratoire. L'œsophage est cilié, et
débouche dans l'estomac. L'intestin, après s'être
recourbé, s'ouvre ou bien dans un cloaque ou
dans la cavité branchiale.

4. **Appareil respiratoire.** — Il a la forme d'un *sac
treillissé*, suspendu dans la cavité respiratoire par
de nombreux filaments. La cage ainsi formée est à
claire-voie, et le sang circule dans les barreaux.
Ils sont munis de nombreux cils vibratiles, dont
les mouvements déterminent l'entrée de l'eau par
la bouche et sa sortie par l'orifice du cloaque.

5. **Appareil circulatoire.** — Le cœur est simple
et placé à côté de l'intestin; ses contractions
changent de sens à intervalles réguliers (*circulation oscillatoire*), et les deux vaisseaux qui partent du cou fonctionnent alternativement comme
artère et comme veine.

6. **Appareil de sécrétion.** — Le rein est représenté par quelques cellules.

7. **Appareil locomoteur.** — Ils sont entourés
d'une enveloppe (*tunique*) à laquelle ils doivent
leur nom; certains d'entre eux sont mobiles
(appendiculariés).

8. **Système nerveux.** — Simple ganglion situé
au-dessus de l'entrée du tube digestif.

9. **Organes des sens.** — Parfois une fossette olfactive, et un *otocyste*, c'est-à-dire une cavité contenant du liquide et un nerf communiquant avec le
ganglion : c'est une oreille interne rudimentaire.

CHAPITRE XIX

MOLLUSQUES

1. Définition. — Invertébrés à symétrie bilatérale; corps mou, inarticulé, le plus souvent recouvert d'une coquille calcaire, provenant de la sécrétion d'un repli cutané, le manteau.

Le système nerveux présente trois paires principales de ganglions; il n'offre jamais de chaîne ganglionnaire longitudinale.

2. Division. — α. *Ils n'ont pas de tête* et sont contenus dans une coquille bivalve, ce sont les *lamellibranches* (huître, moule).

β. *Ils ont une tête*, avec une couronne de bras, ce sont les *céphalopodes* (seiche).

γ. Ils n'ont pas de couronne de bras, mais un *pied ventral*; ce sont les *gastéropodes* (limaçon).

3. Appareil digestif. — Il commence à la bouche, et se termine à l'anus, qui est toujours plus ou moins rapproché de l'orifice buccal; par conséquent ce tube est recourbé en anse et on y distingue un pharynx, un œsophage, un estomac et un intestin.

a. Dans le pharynx, s'ouvrent les conduits de deux glandes, appelées à tort glandes salivaires; ce sont plutôt des glandes à mucus.

b. A l'estomac est généralement annexé une glande volumineuse (*glande digestive*), appelée

autrefois improprement le foie. Le liquide sécrété par cette glande n'est nullement assimilable à la bile. Il ressemble beaucoup au contraire au *suc pancréatique*.

4. Appareil respiratoire. — Chez les mollusques aquatiques il est constitué par des branchies qui peuvent être lamelleuses comme chez
l'huître (*lamellibranche*).

Chez les mollusques aériens on trouve un poumon limaçon (*pulmonés*).

5. Appareil circulatoire. — Un cœur généralement entouré d'un péricarde envoie le sang aux
organes, par des vaisseaux à parois distinctes.
Cependant la circulation est en partie *lacunaire*
(fig. 73), c'est-à-dire que le sang, au lieu de se
trouver toujours contenu dans un système de
vaisseaux complètement fermés, tombe dans des
lacunes, qui remplacent les capillaires, et, de ces
lacunes, est ramené au cœur par les veines.

Le plus souvent, il existe des ouvertures qui
permettent l'entrée de l'eau, dans l'appareil circulatoire.

Le plasma du sang des mollusques renferme
une substance (*hémocyanine*), analogue à l'hémoglobine, mais qui, au lieu de fer, contient du
cuivre, et forme avec l'oxygène une combinaison
de couleur bleue.

Chez les *gastéropodes* le cœur se compose d'un
ventricule et d'une oreillette, et la cavité du péricarde communique souvent avec l'extérieur.

L'oreillette reçoit par la veine pulmonaire le sang artériel de l'appareil respiratoire, ce liquide passe dans les ventricules qui l'envoient par l'aorte aux différentes parties du corps. Le sang veineux contenu dans le système lacunaire revient à l'appareil respiratoire par des canaux plus ou moins bien développés.

6. Appareil de sécrétion. — Chez la plupart on trouve un organe rénal (organe de Bojanus chez les lamellibranches).

7. Appareil locomoteur. — Le *manteau* est une partie du tégument qui se détache plus ou moins du reste du corps, en formant un repli dont le bord libre est épaissi. L'espace compris entre le manteau et le corps s'appelle la cavité palléale.

Le *pied* est un organe cutané qui occupe la partie ventrale du corps. Il peut être plus ou moins développé.

La *coquille* est une production solide du manteau; elle ne présente ni vaisseaux, ni nerfs, mais elle est recouverte d'une cuticule épidermique, laissant souvent à nu la substance fondamentale de la coquille (test); si la couche interne est irisée elle porte le nom de nacre; les perles sont des corps de même nature.

8. Système nerveux. — Trois paires de ganglions réunis entre eux par des filets nerveux nommés commissures s'ils vont d'un ganglion à son symétrique, connectifs s'ils vont d'une paire de ganglions à une autre paire.

On trouve :

1º Les *ganglions cérébroïdes* ou sus-œsophagiens, donnant des nerfs aux organes des sens ;

2º Les *ganglions viscéraux* ou sous-œsophagiens, les connectifs qui réunissent ces deux paires forment le collier œsophagien qui entoure l'œsophage ;

3º Les *ganglions viscéraux* qui envoient des nerfs aux divers organes.

9. Organes des sens. — Le sens du tact siège surtout dans les tentacules et les lèvres. — L'odorat des limaçons siège dans le bouton rétractile, qui termine les tentacules oculifères. On considère comme organes auditifs, les vésicules nommé *otocystes*, remplies d'un liquide au milieu duquel se trouvent des concrétions calcaires (*otolithes*).

La surface intérieure des otocystes est tapissée d'un épithélium, pourvu tantôt de cils vibratiles, et de flagellums, qui impriment aux otolithes des mouvements continuels.

Les yeux des mollusques sont, de tous les yeux des invertébrés, ceux qui se rapprochent le plus des yeux des vertébrés. Ils sont surtout développés chez les céphalopodes. Les éléments de la rétine s'épanouissent directement en avant au lieu de se recourber vers l'extérieur comme chez les vertébrés. Les limaçons ont leurs yeux à l'extrémité des tentacules.

CHAPITRE XX

ARTHROPODES

1. Définition. — Insectes à symétrie bilatérale, *corps segmentés en anneaux* de structure différente pourvus de membres articulés : un cerveau et une chaîne ganglionnaire ventrale.

2. Division. — Si la respiration est aquatique, ce sont des crustacés (écrevisses); si la respiration est aérienne, ils portent le nom de trachéates, et dans ce cas la tête peut être confondue avec le thorax; si l'animal a huit pattes c'est un octopode (arachnide).

3. Appareil digestif. — Bien développé; la bouche est entourée d'organes qui varient avec le régime de l'animal ; ainsi les insectes ont des appendices buccaux de forme différentes suivant qu'ils sont *broyeurs* (hanneton), *lécheurs* (abeille), *suceurs* (cousin).

Chez les insectes, le tube digestif présente un pharynx, un œsophage, un jabot, un gésier, un estomac et un intestin. Au point d'union de ces deux derniers organes débouchent un grand nombre de tubes, les *canaux de Malpighi* (organes urinaires).

4. Appareil respiratoire. — Les arthropodes aquatiques respirent au moyen de branchies (*écrevisse*), les arthropodes aériens au moyen de *trachées*.

Ce sont de petites cavités dans lesquelles l'air pénètre par suite de la dilatation du corps et surtout de l'abdomen : donc ici, comme dans les poumons, l'air est dans l'organe et le sang à la périphérie.

5. Appareil circulatoire. — Le cœur, toujours artériel, a tantôt le forme d'un sac, tantôt la forme

Petite circulation.

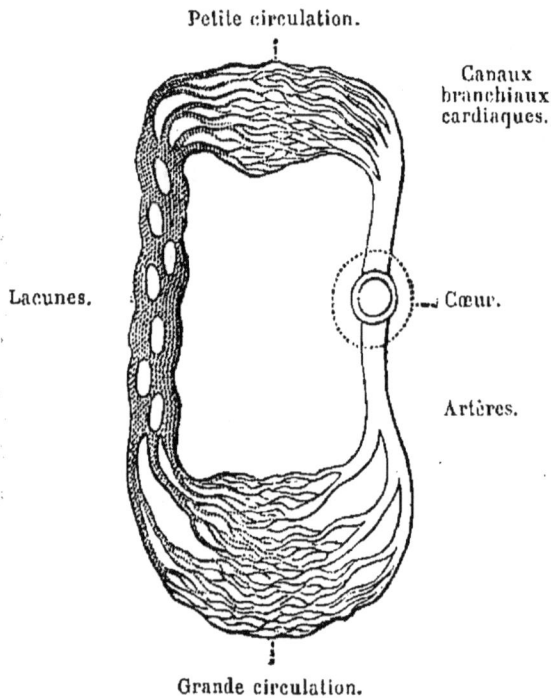

Canaux branchiaux cardiaques.

Lacunes.

Cœur.

Artères.

Grande circulation.

Fig. 75. — Circulation des crustacés.

d'un tube, divisé en chambres (*vaisseau dorsal*). C'est en réalité un ventricule percé d'orifices en forme de boutonnières, et logé dans une poche conjonctive, que l'on appelle le sinus péricardique. Ce sinus remplit les fonctions d'une oreillette et le cœur se remplit à chaque diastole. La circulation périphérique est toujours lacunaire. Chez les *insectes* le cœur est représenté par un *vaisseau dorsal*, mais chez les *crustacés* il y a *un véritable cœur* situé à la partie dorsale du thorax, immédiatement au-dessous de la carapace.

6. Appareil de sécrétion. — Il est représenté par des tubes filiformes, nommés *canaux de Malpighi* et débouchant dans l'intérieur du tube digestif. Mais chez les crustacés les tubes urinaires s'ouvrent directement au dehors.

7. Appareil locomoteur. — Il est plus indépendant du système musculaire que chez les mollusques. Il est constitué par une couche épidermique homogène, nommée *cuticule*, au-dessous de laquelle se trouve une couche de cellules polygonales nommée *hypoderme*. Celle-ci sécrète la cuticule, qui, d'abord molle, devient cornée chez les insectes, par la présence dans son tissu d'une substance nommée chytine ; c'est un véritable squelette extérieur, qui, du reste, a donné son nom à ce groupe.

Le corps présente trois régions : la *tête*, le *thorax* et l'*abdomen* (insectes, la plupart des crustacés).

Chez les arachnides, la tète et le thorax **sont** réunis et forment le *céphalo-thorax*.

Chez les *myriapodes* la tète seule se distingue du reste du corps.

9.

8. Système nerveux. — Les centres nerveux se composent : d'une paire de ganglions sus-œsophagiens, unis par un collier œsophagien à une *chaîne ganglionnaire sous-intestinale*, dont le pre-

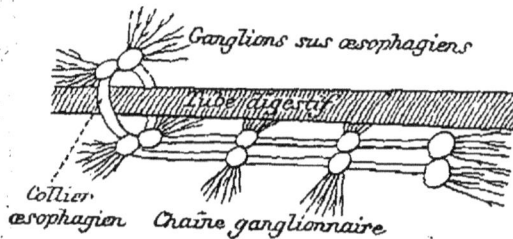

Fig. 76.

mier renflement est situé sous l'œsophage et forme les ganglions sous-œsophagiens (fig. 76).

Cette chaîne est donc formée par des ganglions unis entre eux. On considère les *ganglions céphaliques* comme correspondant à l'encéphale des vertébrés. Les ganglions sus-œsophagiens représentent le cerveau. Les ganglions *sous-œsophagiens* avec les connectifs répondent au cervelet et à la moelle allongée. Les ganglions *sus-œsophagiens* sont le siège de la volonté, et président aux sensations spéciales. Les ganglions *sous-œsophagiens* sont le siège de la coordination des mouvements, et président à la préhension et à la mastication des aliments.

9. Organes des sens. — Le *tact* siège dans des poils ou dans les pattes. Les *antennes* ne sont des organes de tact que par les poils qu'elles portent.

L'odorat existe et paraît siéger dans les antennes.
Les organes auditifs sont peu connus.

Chez les crustacés, ce sont des *otocystes* contenant les *otolithes* et situées le plus souvent à la
base des antennes.

Les yeux ne font défaut que chez un petit
nombre d'espèces parasites, ou vivant dans l'obs-
curité. A l'état de larves beaucoup d'insectes
n'ont pas d'yeux.

Les yeux les plus simples sont des taches pigmentaires, situées au-dessus du cerveau et en
rapport avec lui.

Une deuxième forme d'yeux est caractérisée par
la présence d'une rétine dépourvue de cornée.
Ce sont les yeux rétiniens internes. Dans ce cas,
l'œil est recouvert par le tégument.

Une troisième forme consiste dans des yeux
munis d'une rétine et d'une cornée.

CHAPITRE XXI

VERS

1. Définition. — Animaux à symétrie bilatérale. Corps généralement annelé, toujours dépourvu de membres articulés. Ils sont munis d'un système d'organes excréteurs s'ouvrant à l'extérieur. Le corps est généralement mou, cylindrique ou aplati. Très souvent divisé en segments semblables. La bouche est centrale, l'anus fréquemment dorsal, souvent nul.

2. Division. — S'il y a une chaîne nerveuse et si l'animal présente des anneaux extérieurs, c'est un *annélide (sangsue)*.

S'il n'y a pas de chaîne nerveuse, alors ou on rencontre une coquille bivalve (*brachiopode*) ou l'animal en est dépourvu (*bryozoaires, helminthes*).

Nous prendrons pour type la *sangsue*. Ces animaux sont parasites.

Ils n'ont ni pieds, ni ouïes, ni branchies. Ils possèdent une paire de ventouses postérieure et ventrale et souvent une petite ventouse antérieure en avant de la bouche.

3. Tube digestif. — La bouche occupe le fond de la ventouse antérieure. Celle-ci s'applique sur la peau en s'aplatissant, de manière à y adhérer complètement. Alors le fond de la ventouse se relève, et la peau entraînée est relevée par les dents de la mâchoire. Les dents sont en rapport avec les fibres musculaires, et elles sont disposées sur trois lignes équidistantes et partant du même point. Les contractions de l'œsophage entraînent le sang dans l'estomac, qui est composé de onze chambres consécutives, séparées par des étranglements et présentant chacune deux cæcums. L'intestin est séparé de la dernière chambre stomacale par un sphincter. Les cæcums sont d'autant plus grands qu'ils sont plus rapprochés de la partie postérieure. L'anus est situé à la face dorsale au-dessus de la ventouse anale.

4. **Appareil respiratoire.** — La respiration est cutanée.

5. **Appareil circulatoire.** — Il est composé de deux troncs médians situés l'un au-dessus, l'autre au-dessous de l'intestin, et d'une paire de troncs latéraux. Les deux vaisseaux médians se bifurquent en avant, et les branches de bifurcation s'anastomosent et entourent l'œsophage d'un collier vasculaire.

Les vaisseaux latéraux s'anastomosent entre eux aux deux extrémités du corps. Le vaisseau sous-intestinal présente ceci de particulier qu'il contient la chaîne des ganglions nerveux. Le liquide du système vasculaire est rouge, et le sang circule sous l'influence des contractions des vaisseaux. Mais dans ces animaux la circulation est oscillatoire.

6. Appareil de sécrétion. — Les organes d'excrétion, ou organes segmentaires, sont situés entre les poches de l'intestin. Ce sont de petits canaux, communiquant avec ces poches et s'ouvrant sous la face ventrale de l'animal.

7. Appareil locomoteur. — Peu important.

8. Systéme nerveux. — Se compose d'une chaîne ganglionnaire ventrale et de ganglions sus-œsophagiens.

9. Organes des sens. — Chez ces animaux, on admet l'organe du goût et de l'odorat. L'organe auditif est nul. Les yeux sont au nombre de cinq paires, disposés au-dessus de la ventouse orale. Ce sont de petites fossettes, en rapport avec les filets nerveux ; elles sont tapissées de couches pigmentaires, et munis de corps réfractant la lumière.

CHAPITRE XXII

ÉCHINODERMES

1. Définition. — Animaux rayonnés, à squelette dermique incrusté de calcaire. Les appareils digestif et circulatoire sont distincts, le système nerveux est composé généralement de cinq cordons centraux, réunis entre eux par un collier œsophagien pentagonal. Tous ces animaux sont marins.

2. Division. — 1. Le corps n'est pas étoilé, mais il est cylindrique (*holothuride*) ou globuleux (*échinide*) (oursin). 2. Le corps est étoilé ; ou la bouche est inférieure (*stelléride*) ou elle est supérieure (*crinoïde*).

3. Appareil digestif. — Il est suspendu dans la cavité du corps par une sorte de mésentère ; parfois la bouche porte un appareil de mastication ; chez les oursins il est composé d'un grand nombre de pièces (*lanterne d'Aristote*), la position de l'anus est variable.

4. Appareil respiratoire. — Il est constitué par le *système aquifère*, c'est un système composé d'un canal annulaire situé autour de l'œsophage et de canaux radiaires, nommés *canaux ambulacraires*, et présentant à l'intérieur des cils vibratiles. Des vésicules contractiles (*vésicules de Poli*) y sont annexées.

5. Appareil circulatoire. — Il n'y a pas de cœur; l'appareil circulatoire est confondu avec le système aquifère; l'eau chargée d'oxygène, arrive au contact du tube digestif et entraîne les matières alimentaires vers les organes.

6. Appareil de sécrétion. — Rien de précis.

7. Appareil locomoteur. — C'est ordinairement le nombre 5, qui préside à la distribution des parties ciliaires. Le derme est incrusté de calcaire, soit sous la forme de petits corps isolés, soit sous la forme de plaques mobiles ou immobiles, constituant un véritable test. Un caractère essentiel, qui se rattache au tégument, c'est la présence d'un *système ambulacraire*. On désigne ainsi l'ensemble des organes locomoteurs; ces organes sont musculaires et composés de deux parties : l'une entièrement tubuleuse, ordinairement terminée par une ventouse, c'est le pied ambulacraire; l'autre extérieure, c'est la vésicule ambulacraire, qui est en rapport avec le système aquifère.

8. Système nerveux. — Il est formé d'un polygone à cinq côtés donnant naissance à cinq branches.

9. Organes des sens. — Peu importants.

CHAPITRE XXIII

CŒLENTÉRÉS

1. Définition. — Animaux rayonnés; ayant les appareils digestif et circulatoire confondus (appareil gastro-vasculaire). Le système nerveux est rudimentaire ou nul.

2. Division. — Il n'y a pas de palettes natatoires. Ou la cavité gastro-vasculaire est simple (*hydroméduse*), ou elle est cloisonnée (*coralliaires*).

S'il y a des palettes natatoires, ce sont des *cténophores*.

3. Description. — Ce sont ordinairement les nombres 4 ou 6 qui président à la symétrie du corps. Tous les cœlentérés possèdent, dans l'épaisseur des téguments, les *nématocystes* ou *organes urticants*. Ce sont des vésicules, renfermant un long filament enroulé en spirale qui peut se dérouler au dehors, devenir rigide et introduire dans la blessure qui est faite une goutte d'un liquide irritant, sécrété par la vésicule. La forme générale du corps peut être ramenée à celle d'un sac à double paroi, l'une externe (l'*ectoderme*), l'autre interne (l'*endoderme*) entre lesquels se trouve un *mésoderme*, plus ou moins développé. La cavité du sac représente le tube digestif, qui se trouve en communication avec l'extérieur par des canaux situés dans l'épaisseur du corps. C'est ainsi que se trouve constitué le système *gastro-vasculaire*, caractéristique des cœlentérés.

BOTANIQUE

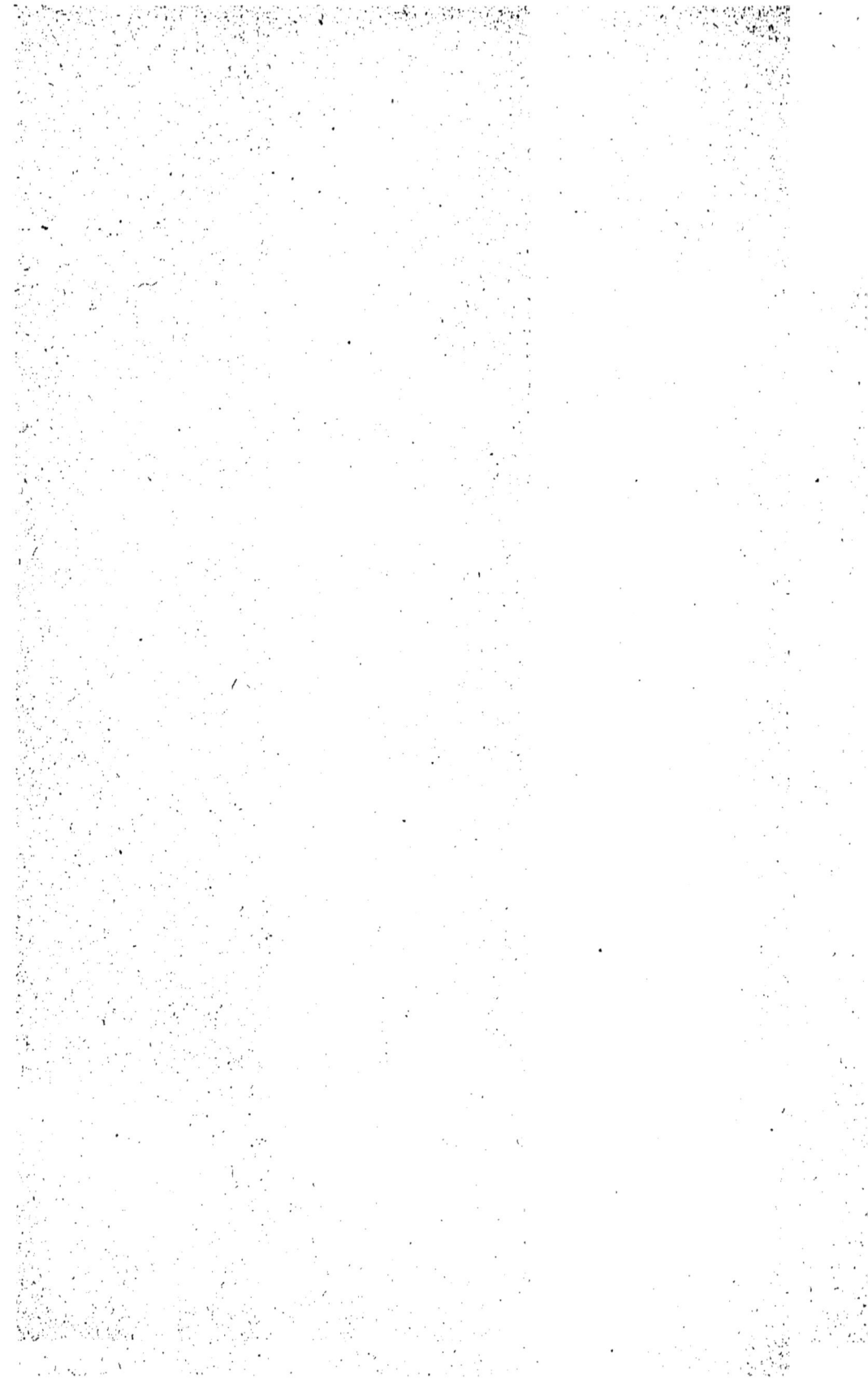

CHAPITRE I

CELLULES ET VAISSEAUX

—

SOMMAIRE.

1. La cellule. — **2.** Cellule complète. *Paroi, chloro-phylle, amidon, aleurone, cristaux, multiplication.* — **3.** Vaisseaux. — **4.** Vaisseaux laticifères.

I. — CELLULE.

1. La cellule. — La cellule est l'élément fonda-mental de toute plante. Elle peut être formée, ou d'une simple masse de protoplasma (fig. 1), qui prend alors des formes variables, ou bien le protoplasma est renfermé dans une membrane.

2. Cellule complète. — Dans une cellule com-plète (fig. 2), c'est-à-dire formée d'une *membrane d'enveloppe*, de *protoplasma*, d'un *noyau* et d'un ou plusieurs *nucléoles*, on voit apparaître des produits figurés, tels que chlorophylle, graisse, amidon, cristaux. Il s'y forme des espaces occupés par du liquide ; c'est ce qu'on appelle la *vacuola-risation*. Le protoplasma se meut entre ces vacuo-les et leur donne des formes et des grandeurs différentes. Parfois, toutes les vacuoles se sou-dent ensemble, et dans l'intérieur, on voit appa-raître le suc cellulaire.

Composi-tion.

Elle est formée par de la cellulose ($C^{12}H^{10}O^{10}$).

La paroi n'est pas toujours lisse, ni d'une épaisseur parfaite. On y trouve des sortes de ponctuations qui correspondent à un minimum d'épaisseur.

Suivant les diverses formes de ces ponctuations, la cellule est dite : 1° *ponctuée*; 2° *aréolée*; 3° *rayée*; 4° *spiralée*.

On voit dans le protoplasma des amas sphériques se délimiter; ce sont des *leucites*; quand ils viennent de naître, ils sont incolores, mais un pigment jaune ne tarde pas à apparaître; ces leucites ne peuvent pas grossir indéfiniment car, arrivés à une certaine taille, ils se scindent en deux. Ce pigment jaune s'appelle : la *xantophylle*. Lorsque ces amas de protoplasma sont colorés en vert, c'est de la *chlorophylle*, corps quaternaire.

1. L'amidon est formé de deux substances : de *granulose* et d'*amylose*.

2. Les grains ont des formes différentes, et les couches concentriques qui les forment, ont des degrés différents d'hydratation. La couche périphérique est la moins hydratée; la couche centrale est la plus hydratée.

3. Ils augmentent de grosseur par intussusception.

Les grains d'aleurone sont des *leucites*, c'est-à-dire du protoplasma différencié, mais ils apparaissent à une époque et pour un but déterminé.

Cristaux. Dans la cellule, on voit apparaître des cristaux de forme différente. Ils sont souvent formés d'oxalate de chaux.

Elle peut se faire : 1° par *bourgeonnement* (fig. 3) ; 2° par *division directe* (fig. 4) ; 3° par *division indirecte* (fig. 5) ; 4° par *rajeunissement* (fig. 6).

Multiplication des cellules.

II. — Vaisseaux.

3. Vaisseaux. — Un vaisseau est formé de cellules empilées qui, à un moment donné, ont résorbé leurs parois transversales. Ils se divisent d'après les marques de leurs parois en vaisseaux *ponctués, rayés, spiralés, annelés, réticulés.*

Si le vaisseau est spiralé, il prend le nom de *trachée.*

4. Vaisseaux laticifères. — 1° S'ils sont formés comme les précédents par des cellules, ils prennent le nom de vaisseaux *laticifères pluricellulaires*, et ne sont pas anastomosés entre eux.

2° Si les cellules qui forment un végétal ne sont pas exactement en contact l'une avec l'autre, elles forment ce qu'on appelle des méats intercellulaires (*vaisseaux laticifères unicellulaires*).

3° Il peut arriver que sur les parois externes des cellules, il se soit déposé une matière amorphe ; ces vaisseaux sont très irréguliers, ils sont anastomosés et communiquent tous entre eux.

CHAPITRE II
FORMATIONS VÉGÉTALES

—

1. Épiderme. — L'épiderme est la membrane de revêtement des plantes. S'il n'est formé que par une seule couche de cellules, l'épiderme est *unistratifié*. Mais alors toutes les cellules se touchent sans laisser entre elles de méats. Les cellules se tenant toutes ensemble, on peut enlever facilement l'épiderme.

2° L'épiderme est *pluristratifié*, lorsqu'il est formé par plusieurs couches de cellules. En effet, chacune des cellules épidermiques peut se diviser. Il y aura alors plusieurs assises, séparées par des divisions parallèles entre elles et à la surface.

2. Stomates. — Ce sont des orifices en formes de boutonnières, circonscrits par deux cellules et faisant communiquer l'intérieur de la plante avec l'extérieur. Les cellules qui forment les stomates (fig. 77) contiennent de la chlorophylle, tandis que les cellules de l'épiderme en sont généralement dépourvues.

Ou bien, les cellules stomatiques sont au même niveau que celles de l'épiderme, ou bien elles sont au dessous ou au-dessus.

Entre les cellules stomatiques, se trouve un canal, présentant un orifice extérieur, communiquant avec l'air, et un orifice intérieur communiquant avec un vide (chambre stomatique) situé entre les cellules du parenchyme. — Les cellules stomatiques accessoires sont

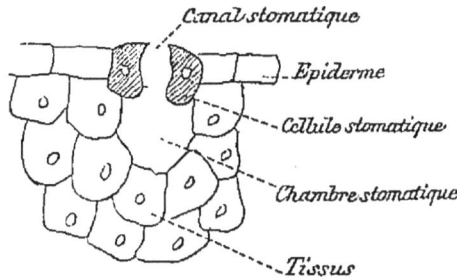

Fig. 77. -- Stomates.

celles qui sont intermédiaires entre les cellules épidermiques et les cellules stomatiques.

I. Une cellule se divise en deux. Ces deux cellules se séparent, ce sont les cellules stomatiques.

II. Après la division de la cellule en deux, les cellules adjacentes se divisent parallèlement à la première division, et donnent des cellules accessoires.

III. Parfois c'est la cellule initiale qui donne les cellules accessoires. — (Il peut arriver qu'il n'y ait qu'une seule cellule accessoire; elle est alors donnée par la cellule stomatique.)

Les stomates aériens communiquent avec l'atmosphère. Les bords sont mobiles.

Les stomates aquatiques (fuschia) laissent perler de l'eau à leur surface. Cette eau est très chargée d'acide carbonique. Les bords sont immobiles.

3. Différenciation de l'épiderme. — Les cellules épidermiques ont parfois une de leurs parois

épaissie (fig. 78). Ces parois très épaissies sont
constituées : 1° par de la cellulose ; 2° par de la
cutine ; elles forment la cuticule de l'épiderme. La
cuticule reste quand toutes les cellules de l'épiderme sont parties ;
elle s'infléchit à l'ori-
fice des stomates, et
se perd dans la cham-
bre stomatique.

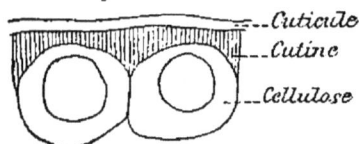

Fig. 78. — Épiderme.

Cuticule.

Si l'on fait une
coupe dans des feuilles d'aloès, qui sont très résis-
tantes grâce à leur cuticule, on remarque que les
cellules de l'épiderme se sont épaissies en certains
des points de leur périphérie, par la formation de
cutine et de cellulose. Parfois, la cuticularisation
n'est pas homogène. C'est ce qui se présente dans
le houx. La cirre est souvent associée à la cutine.
Ce revêtement est formé soit par de petits bâtonnets, et alors il est *continu*, quelquefois il ne se
trouve que par places à la surface de l'épiderme.

4. Glandes épidermiques. — Elles sont carac-
térisées par l'apparition d'un nouveau produit
qui soulève la cuticule, et par conséquent forme
saillie à la surface. Quelquefois, une seule cellule
sécrète du liquide ; quelquefois plusieurs cellules
sécrétant en même temps un nouveau produit,
il y a une masse considérable de matière nouvelle au-dessous de la cuticule.

5. Poils. — Ce sont des productions des cellules épidermiques.

1° *Poils filiformes* (fig. 79).

1. *Poils unicellulaires.* — Ce sont les poils absor- Division.
bants des racines. Ils
peuvent être simples
ou ramifiés.

2. *Poils pluricellu-*
laires. — Une cellule
de l'épiderme se di-

Fig. 79. — *Poils.*

vise en plusieurs autres par des divisions parallèles à la surface. Ces poils sont rameux, s'ils
sont divisés à leur partie supérieure; capités,
s'ils sont terminés en forme de massue.

Les écailles sont formées par un groupement
de poils ; les aiguillons, par plusieurs poils très
aigus réunis ensemble.

2° *Poils glanduleux.* — Quelquefois ils ont un
aspect pulvérulent, et donnent à la plante un
air argentin, ou bien ce sont des poils sensibles
et digestifs. (Droséra.)

6. Contenu des cellules. — Les cellules de
l'épiderme contiennent très rarement de la chlorophylle ou de l'amidon. L'épiderme est donc
transparent. Les leucites font aussi généralement
défaut.

Les cellules stomatiques contiennent toujours
des leucites et de la chlorophylle. (Les cellules
stomatiques accessoires n'en contiennent pas.)

Les cellules des poils, à l'état jeune, sont très
actives et remplies de protoplasma. Elles sécrètent un grand nombre de sucs différents.

CHAPITRE III

RACINES ET TIGES

—

I. — RACINE.

La racine est la partie du végétal qui, sous l'influence de l'attraction terrestre, s'enfonce dans le sol.

1. Racine primitive. — La racine primitive naît en même temps que l'embryon ; elle est *hexogène*, quand elle se forme auprès du *filament suspenseur* ; *endogène*, quand elle naît un peu plus loin et doit percer une enveloppe annulaire qu'on appelle *coléorhize*. Elle est toujours entourée à son extrémité par une masse de cellules, que l'on appelle *pilorhize*. On voit quelquefois apparaître des poils radicaux qui n'ont qu'une existence éphémère et qui sont rarement ramifiés.

2. Racine secondaire. — Après un certain développement, la racine primitive donne des racines secondaires. Ces racines naissent à l'intérieur des tissus, et l'on dit pour cette raison qu'elles sont de formation endogène. Les *radicelles* apparaissent sur la racine suivant des lignes verticales. Il peut y avoir une ou plusieurs de ces lignes, suivant la grosseur de la racine. Mais la distance de deux radicelles voisines est variable.

3. Diverses sortes de racines. — La racine pivotante est formée par une sorte de cône qui s'enfonce dans la terre. Elle présente toujours des radicelles dont le volume est plus ou moins considérable.

La racine pivotante devient exagérée lorsque les radicelles ont un volume très peu considérable (carotte ombellifère). Racine pivotante

La racine fasciculée est formée par une racine pivotante dont le tronc est très court mais dont les radicelles sont longues et nombreuses. Racine fasciculée.

Les racines adventives peuvent naître dans tous les points de la racine. Elles sont toujours de formation endogène, quelquefois elles sont très nombreuses, comme dans le fraisier. Racine adventive.

Dans certaines plantes, on voit apparaître des racines qui doivent remplir un but déterminé. Dans les plantes grimpantes comme le lierre, les racines forment de petits crampons qui fixent la plante. Ou bien, dans les plantes parasites (gui), la racine représente de véritables suçoirs, qui s'enfoncent dans le tronc de la plante mère. Adaptation.

10.

Il existe des tiges souterraines qui ressemblent à des racines; ce sont les rhizomes, qui poussent horizontalement (chiendent). Les tubercules peuvent appartenir soit à une racine soit à une tige. La plante pousse un tubercule à l'aisselle d'une feuille; un bourgeon développe plusieurs racines adventives, qui pousseront l'année suivante une nouvelle plante.

Remarque. — Il arrive parfois que les racines s'adaptent à la natation. Alors elles se renflent en certains points, s'emplissent d'air, et forment de véritables flotteurs.

II. — TIGE.

1. Division. — La tige peut être :

Dressée. Lorsqu'elle s'élève verticalement au-dessus du sol.

Ascendante. Lorsqu'elle monte au-dessus du sol.

Montante. Lorsqu'après s'être élevée au-dessus du sol, elle se recourbe vers lui.

Couchée. Lorsqu'elle s'étend sur le sol.

Rampante. Dans ce cas elle pousse des racines adventives. Mais tout en s'allongeant, elle se détruit. Elle avance donc chaque fois d'une certaine quantité.

Volubile. La tige s'enroule autour d'un support ou d'un autre plan. Elle peut s'enrouler soit de droite à gauche, soit de gauche à droite. Mais il faut déterminer le point où se placera l'observateur pour examiner la tige volubile.

1° Linné plaçait l'observateur au centre de la spire.

2° Quelquefois on regarde la tige en restant placé en dehors de la spire, et l'on dit que la tige est *dextrogyre*, lorsqu'elle va de gauche à droite, *sinistrogyre* lorsqu'elle va de droite à gauche.

Lorsque la tige reste sous le sol, elle prend le nom de tige souterraine ou rhizome. *Souterraine.*

2. Consistance. — La tige est *herbacée, ligneuse, charnue, médulleuse.*

3. Accroissement. — La tige augmente de longueur au moyen de ses cellules terminales. Elle ne présente pas de coiffe comme la racine. On appelle *point végétatif,* la masse des cellules qui se divisent et augmentent la longueur.

Le point végétatif se divise en deux, et chacune de ces masses cellulaires poussera une tige secondaire. *Dichotomie*

Le point végétatif s'atrophie ou se termine par une fleur. Alors le bourgeon de la dernière feuille pousse rapidement, donne une tige secondaire, qui rejettera de côté la première. *Sympode.*

Le bourgeon terminal s'atrophie, mais de l'aisselle des deux dernières feuilles naissent deux bourgeons, qui donneront les tiges secondaires. *Fausse dichotomie.*

CHAPITRE IV

DISTINCTION DE LA TIGE ET DE LA RACINE

—

SOMMAIRE.

I. — RACINE.

La racine doit être étudiée d'abord dans son organisation primaire, puis dans les différentes modifications que présente cette organisation.

Racine primaire.

1. Cryptogames vasculaires. — Deux parties : la partie périphérique, l'écorce, formée d'un parenchyme cortical et d'un épiderme ; au centre, le cylindre central contenant les faisceaux vasculaires.

Racine secondaire.

L'épiderme est le même ; entre le cylindre central et le parenchyme cortical, apparaissent des tissus de nouvelle formation, le *péricambium*. Les cellules mères des radicules prennent naissance dans la couche du parenchyme cortical la plus rapprochée du péricambium.

2. Dicotylédones et monocotylédones. — Les monocotylédones gardent toujours la même or-

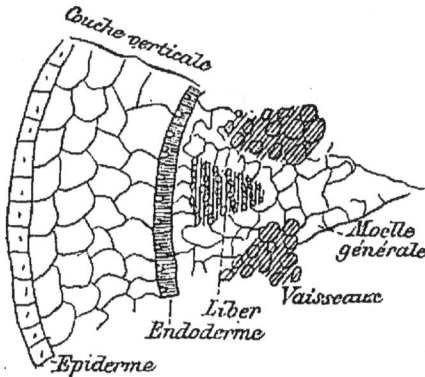

Fig. 80. — *Racine primaire.*

ganisation de la racine primaire. En allant de la périphérie au centre, on trouve (fig. 80) :

I. La *couche corticale,* composée de l'épiderme, de *cellules indifférentes,* limitées vers le centre par des cellules modifiées, qui forment un *endoderme cuticularisé.*

II. Le *cylindre central* formé : 1° par une masse de cellules, la *moelle générale,* dans laquelle on trouve les *faisceaux vasculaires,* disposés suivant une direction radiaire; 2° les *faisceaux libériens* intermédiaires ; 3° la *couche rhizogène* limite la moelle générale.

Entre les faisceaux vasculaires primaires, on trouve des faisceaux différents, appelés *faisceaux libériens,* qui, dans la racine secondaire, prendront un développement considérable (fig. 81).

Dans la racine secondaire tous les tissus restent les mêmes, sauf le *liber*, qui augmente con-
sidérablement de volume,

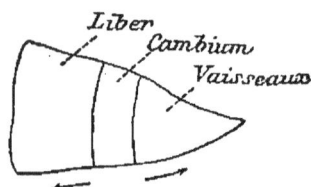

Fig. 81. — *Racine
secondaire.*

se différencie en son mi-
lieu, et ce tissu jeune, le
cambium, se développera
par couches concentri-
ques, les couches internes
se dirigeront vers le centre et formeront les *vais-
seaux*; les couches externes se dirigeront vers
la périphérie et formeront le *liber* (fig. 81).

II. — Tige.

1. Cryptogames vasculaires. — Au milieu d'une
masse de tissus, on voit apparaître des vaisseaux
qui ont des positions
quelconques et sont
noyés au milieu de la
masse (fig. 82).

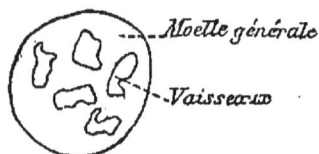

Fig. 82. — *Tige de crypto-
game vasculaire.*

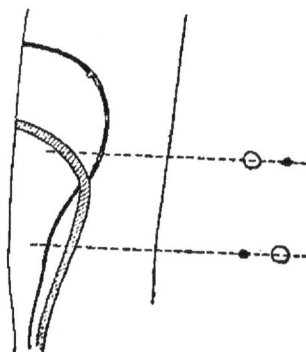

Fig. 83. — *Tige monocoty-
lédone.*

2. Monocotylédones. — Au milieu du tissu
général, on trouve des faisceaux vasculaires,

mais suivant que l'on fait la coupe à une hauteur ou à une autre, les faisceaux les plus **gros**
sont au centre ou à la périphérie (fig. 83) ce **qui**
est dû à leur marche flexueuse.

3. Dicotylédones. — En allant de la périphérie Tige primaire.
au centre, on trouve : 1° l'*épiderme*; 2° une
couche de cellules entassées les unes au-dessus
des autres; c'est la couche *subéreuse*; 3° une

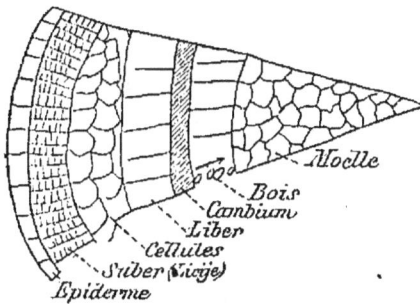

Fig. 84. — Tige de dicotylédone.

couche de cellules peu pressées les unes **contre**
les autres et présentant des méats; 4° une couche
libérienne; 5° le *cambium*; 6° le *bois*; 7° la *moelle*.
Le bois et le liber sont traversés par les *rayons
médullaires* (fig. 84).

Dans la *tige secondaire*, le *cambium entre en* Tige secondaire.
activité, et chaque année donne, vers le centre,
des couches de vaisseaux que formeront le bois;
vers la périphérie, des couches qui donneront
le *liber*. Le *bois* et le *liber* seront toujours traversés par les rayons médullaires.

Remarque. — *L'augmentation en longueur* se

fait dans la tige, au moyen d'une ou plusieurs cellules situées à l'extrémité, et qui, en se différenciant, donneront les diverses couches. Dans la racine, ce point végétatif est recouvert par un massif de cellules, la *coiffe* de la racine.

1. On appelle *liège* ou *suber* une production secondaire des phytocystes (tissus corticaux) qui se subérifient. Le contenu liquide des cellules disparaît, il est remplacé par des gaz, et en même temps les parois des cellules s'épaississent en certains de leurs points.

2. Le liber est formé de fibres *libériennes*, de *vaisseaux cribleux* ou *grillagés*. Entre ces éléments on trouve des masses parenchymateuses, présentant entre elles de nombreux méats.

3. Le bois est formé de zones variables suivant l'âge des tiges; les couches les plus extérieures constituent l'*aubier*; les plus intérieures le *cœur*, formé de fibres ligneuses et de vaisseaux.

Tout à fait *en dedans* du bois, se trouve l'*étui médullaire*, c'est-à-dire la couche primaire du bois, contenant seule des *trachées déroulables*. Dans les tiges de dicotylédones, les vaisseaux sont toujours parallèles entre eux et à l'axe de la tige; on a vu au contraire que dans les monocotylédones, les vaisseaux périphériques se recourbaient vers le centre pour revenir ensuite à la périphérie et se terminer dans les feuilles (fig. 83).

CHAPITRE V

FEUILLE

—

SOMMAIRE.

1. Définition. — Une feuille est une partie de la plante pouvant avoir des formes très différentes, et de plus, pouvant se différencier de manière à donner les différentes espèces de fleurs.

2. Composition. — Trois parties : une partie élargie, le *limbe* ; une partie rétrécie formant le support, le *pétiole* ; en arrivant au contact de la tige, le pétiole s'élargit et forme la *gaine*. L'angle formé par le pétiole et la tige porte le nom d'*aisselle* de la feuille (fig. 85).

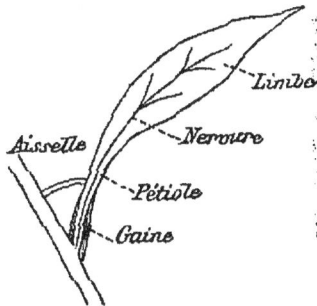

Fig. 85. — *Feuille.*

3. Division. — D'après la forme du lymbe, la feuille est dite : *simple* ou *composée.*

Le limbe est continu (buis) ; il peut être légèrement sinueux. — Si les sinuosités sont plus accentuées, le limbe est dit *crénelé*. — S'il présente des dents sur les bords, la feuille est *dentée*. — Si toutes les dents sont orientées du même côté, la feuille est dite *denticulée*.

Remarque. — Au milieu du limbe on aperçoit une sorte de renflement de forme rectiligne contenant les vaisseaux. C'est la *nervure médiane*, d'où partent des nervures secondaires. Ces nervures peuvent avoir des formes différentes : 1° Si la nervure est médiane, la feuille est dite *penninerviée* ; 2° s'il y a plusieurs nervures égales, la feuille est dite *palminerviée* (ricin) ; 3° si la nervation est rectiligne, la feuille est dite *rectinerviée*.

1° *Feuille composée pennée* : 1° La feuille est dite *lobée*, lorsque le limbe présente sur ses bords des échancrures arrondies, et si les nervures sont disposées comme dans une feuille penninerviée, la feuille est dite *pennatilobée*.

2° Les échancrures pénétrant plus profondément, la feuille est *pennatifide* (fig. 89).

3° Les échancrures pénétrant jusqu'à la nervure médiane, la feuille est *pennatiséquée*.

1° *Feuille palmée* : 1° Une feuille *palmatilobée* est une feuille palmée présentant de légères échancrures sur les bords de son limbe.

2° Une feuille *palmatifide* est une feuille palmée présentant des échancrures plus considérables.

3° Une feuille *palmatiséquée* est une feuille palmée dont les échancrures pénètrent jusqu'au centre.

Remarque. — Il peut arriver que les échancrures soient tellement profondes que le limbe

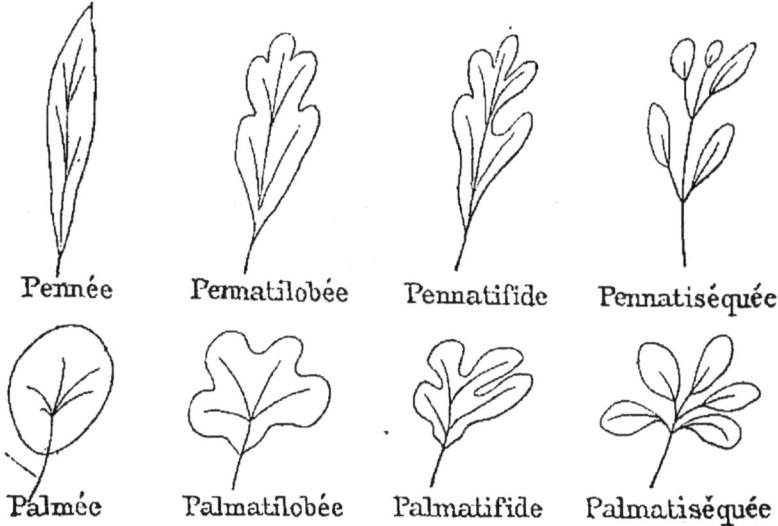

Pennée	Pennatilobée	Pennatifide	Pennatiséquée
Palmée	Palmatilobée	Palmatifide	Palmatiséquée

Fig. 89. — *Feuilles composées.*

soit divisé en plusieurs limbes secondaires. On aura alors une feuille composée pennée ou composée palmée. Dans ce cas la nervure médiane prendra le nom de rachyste et les pétioles secondaires, le nom de pétiolules.

4. Phyllotaxie. — La phyllotaxie est l'étude de la disposition des feuilles sur la tige :

1° *Les feuilles sont opposées* quand elles sont situées par paire sur la tige au même niveau et aux deux extrémités d'un même diamètre.

2º *Les feuilles sont verticillées* quand elles sont situées trois par trois ou quatre par quatre sur une même section droite de la tige. Chaque feuille d'un verticille est alterne avec les feuilles du verticille supérieur;

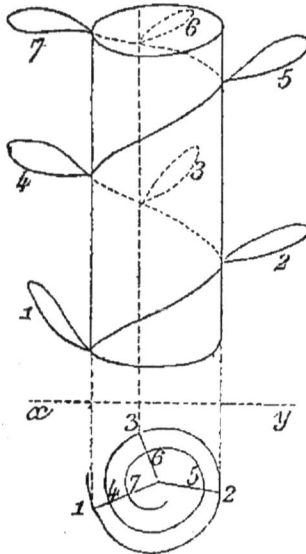

Fig. 90. — *Phyllotaxie.*

3º *Les feuilles sont alternes* (fig. 90); quelquefois les feuilles semblent disposées sur la tige dans un ordre tout à fait irrégulier. Pour déterminer alors leur position relative, on opère de la façon suivante : on attache un fil au pétiole d'une feuille déterminée, et l'on remonte ce fil autour de la tige, en allant de *gauche à droite*, en faisant passer le fil par l'aisselle de toutes les feuilles situées au-dessus de la première. On arrêtera le fil lorsque l'on sera arrivé à une feuille, située juste au-dessus de la première. On formera alors une fraction dont le numérateur représentera le nombre de tours du fil, et le dénominateur, le nombre de feuilles rencontrées par le fil.

On obtient ainsi les deux premières fractions 1/2 et 1/3. Pour avoir la fraction suivante, il suffit d'additionner les numérateurs et les dénominateurs de deux fractions précédentes.

5. Pétiole. — Le pétiole peut être soit cylindrique, soit en gouttière. Quelquefois la base est dilatée, et la feuille est dite *engainante*.

La tige peut présenter **un** arc saillant sur lequel s'insère la feuille par une partie saillante nommée coussinet. C'est la feuille articulée. Cette disposition s'observe souvent dans les feuilles composées.

6. Stipule. — Ce sont des languettes foliacées qui accompagnent la base d'un pétiole. Un stipule est axillaire quand il est placé dans l'aisselle de la feuille; il est latéral quand il est situé du côté du pétiole, mais sans lui être adhérent.

Le stipule est pétiolaire quand il est soudé au pétiole de la feuille.

Remarque. — Si le stipule axillaire est très développé, il forme alors une sorte d'anneau] qui entoure la tige. Si les feuilles sont opposées, alors les stipules axillaires peuvent s'unir entre eux et former une collerette.

7. Vrille. — Les vrilles sont des sortes de filaments très allongés et enroulés plus ou moins sur eux-mêmes. Ils sont souvent formés par des feuilles modifiées, et par conséquent tiennent la place d'une feuille. Cependant, et c'est ce qui arrive dans la vigne, une vrille a une origine tout à fait différente. En effet, dans la fausse dichotomie, il peut arriver qu'un des bourgeons, né à l'aisselle d'une feuille, s'atrophie.

8. Phyllode. — Les feuilles se modifient et
présentent l'apparence de rameaux. Si on ne
trouve aucun organe au-dessous de cette préten-
due branche, on peut être sûr que c'est une
feuille transformée. Les différentes modifications
que présentent les feuilles et les autres organes
de la plante sont désignées sous le nom de *mi-
métysme*. Les feuilles se transforment ainsi en
piquants, qu'il ne faut pas confondre avec l'ai-
guillon.

9. Bourgeon. — Les bourgeons sont de jeunes
branches en miniature, qui portent un nombre
considérable de feuilles.

Division.   1° Suivant leur forme, ils sont *pointus* ou *ronds*.
Pointus, ils donnent les tiges ; ronds, les feuilles
et les fleurs.

2° Suivant leur position, ils sont *terminaux* ou
axillaires.

3° Suivant les parties accessoires qui les entourent, ils sont *nus* ou *écaillés*. Nus, on voit les
feuilles ; écaillés, ils sont entourés d'écailles.
Ces écailles sont le résultat d'une feuille réduite
à sa gaine.

Les bourgeons, ou bien se développent tout de
suite, ou bien l'année suivante, et c'est le cas le
plus normal.

10. Préfoliation. — La préfoliation comprend
l'étude de la pliation de la feuille, et de son
agencement avec les feuilles voisines dans le
bourgeon.

1° *Condupliquée*; 2° *plissée*, le limbe est plissé un nombre plus ou moins considérable de fois ; 3° *révolutée* ; 4° *convolutée* ; *involutée* (la nervure médiane est extérieure); 6° *circinée*, le limbe est enroulé en forme de crosse.

On peut examiner l'agencement mutuel des feuilles dans le bourgeon. Supposons, par exemple, une préfoliation condupliquée. Nous allons examiner la place que les feuilles occupent dans le bourgeon, les unes par rapport aux autres.

On suppose le bourgeon coupé par un plan perpendiculaire à son axe, et l'on examine la dis-

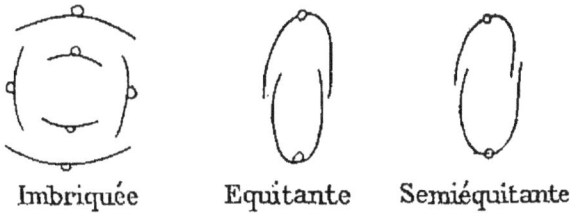

Imbriquée   Equitante   Semiéquitante

Fig. 91. — *Préfoliation.*

position des feuilles ainsi coupées. On trouve trois dispositions (fig. 91) :

1° *Préfoliation imbriquée* ;

2° *Préfoliation équitante* ;

3° *Préfoliation semi-équitante*.

11. Histologie (fig. 92). — Si l'on fait une coupe d'une feuille perpendiculairement à sa nervure médiane on trouve, en allant de l'extérieur à l'intérieur : 1° l'*épiderme*, qui peut être formé d'une

ou plusieurs couches de cellules ; cet épiderme
est percé de stomates, qui font communiquer le
parenchyme avec l'extérieur ; ces stomates se

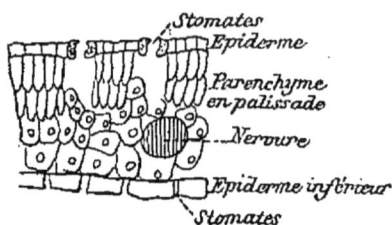

Fig. 92. — Coupe d'une feuille.

trouvent surtout à
la face inférieure et
sont disposés sans
aucun ordre ; 2° le
mésophylle ou *pa-
renchyme*, les par-
ties les plus rappro-
chées de l'épiderme
sont formées par des cellules, dont le grand axe
est perpendiculaire au plan de l'épiderme ; ce
sont les *cellules en palissade* ; au-dessous, on
trouve des cellules beaucoup moins serrées les
unes contre les autres ; ce sont les *cellules du
parenchyme* dans l'intérieur desquelles débouchent les stomates ; 3° au centre se trouvent les
vaisseaux ; ils sont fournis par les vaisseaux de
la tige qui se recourbent au niveau de la feuille ;
ces vaisseaux apportent au parenchyme les sucs
qui sont nécessaires à sa nutrition ; les *trachées*
sont situées à la partie supérieure ; le *liber* à la
partie inférieure.

CHAPITRE VI

FLEUR

—

SOMMAIRE.

1. Inflorescence. *Solitaire ou groupée.* — **2**. Composition de la fleur. *Diagramme.* — **3**. Réceptacle. — **4**. Calice. — **5**. Corolle *polypétale* ou *monopétale*. — **6**. Étamine. *Composition, déhiscence, nombre, grandeur, mode d'insertion.* — **7**. Pistil. *Ovaire unicarpellaire* ou *multicarpellaire, style.* — **8**. Ovule *orthotrope, anatrope, campilotrope.*

1. Inflorescence. — L'inflorescence est la disposition relative d'une fleur sur la tige.

Les fleurs sont séparées par des feuilles. L'inflorescence est :

Inflorescence solitaire.

1º *Terminale proprement dite.* — A l'extrémité de chaque rameau se trouve une fleur.

2º *Terminale oppositifoliée.* — Dans la dichotomie, un seul des rameaux porte une fleur. Une feuille lui est opposée.

3º *Inflorescence solitaire dans la dichotomie.* — A l'aisselle des deux dernières feuilles, qui sont opposées, il pousse des rameaux secondaires qui porteront des fleurs disposées suivant la dichotomie.

I. — Les ramifications sont à un degré (fig. 93) :

Inflorescence groupée.

1º *Grappe simple* ;

11.

2° *Épi.* — Si les fleurs sont sessiles, c'est-à-dire n'ont pas de queues, la grappe prend le nom d'*épi* ;

3° *Capitule.* — Fleur composée, dont les fleurs secondaires sont sur le même plan horizontal ;

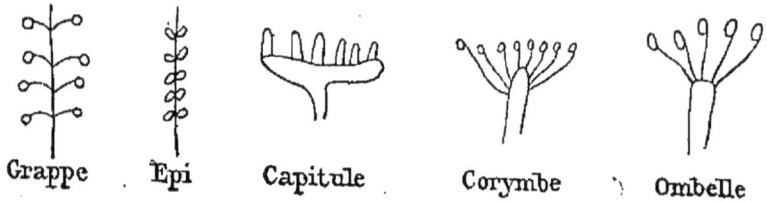

Grappe　　Épi　　Capitule　　Corymbe　　Ombelle

Fig. 93.

4° *Corymbe.* — Si on comprime un peu moins, les ramifications seront toutes à la même hauteur ;

5° *Ombelle.* — Si les fleurs non sessiles sont toutes implantées sur le même point.

Si les ramifications sont à plusieurs degrés, on a alors une grappe de grappe, un épi d'épi, un capitule de capitule.

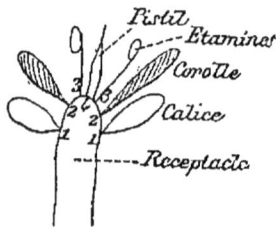

Fig. 94. — *Coupe verti cale d'une fleur.*

2. Composition de la fleur. — Une fleur complète est formée des parties suivantes (fig. 94) :

1° Le *réceptacle* ou extrémité de la tige sur laquelle s'insère le calice ;

2° des feuilles modifiées généralement implantées suivant des cercles qui portent les noms suivants : les feuilles les plus externes, généralement nettes prennent le nom de *calice* ; 3° la *corolle*, est formée par les feuilles

généralement plus modifiées situées sur le second cercle ; 4° les *étamines* formées par des
feuilles beaucoup plus modifiées ; 5° le *pistil* au
centre.

Pour examiner la disposition des sépales (*calice*)
et des pétales (*corolle*), comparées à celles des
étamines et des pistils, on
suppose la fleur coupée par
un plan horizontal (fig. 95) et
projetée sur un plan horizontal. Les différentes parties
de la fleur sont insérées sur le
réceptacle ou bien suivant une spirale, et la fleur
est dite spiralée, ou bien suivant des cercles concentriques et alors, si un sépale correspond à un
pétale on dit qu'ils sont *opposés*, dans le cas contraire ils sont *alternes*.

Diagramme
de la fleur.

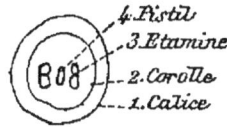
Fig. 95. — *Diagramme.*

- 4. *Pistil*
- 3. *Etamine*
- 2. *Corolle*
- 1. *Calice*

3. Réceptacle. — C'est la partie sur laquelle s'insèrent les feuilles modifiées, il peut être *plan,
concave* ou *convexe.*

4. Calice. — Le calice est formé par les feuilles
modifiées, qui portent le nom de sépales. Le calice est régulier quand il est formé de parties
symétriques. On appelle préfloraison du calice,
l'étude de la disposition relative des sépales.

1° *Préfloraison valvaire.* — Les sépales sont situés sur une même circonférence.

2° *Préfloraison alternative.* — Les sépales sont
situés sur deux cercles concentriques que l'on
nomme verticilles.

3° *Préfloraison en spirale.* — Les sépales sont situés sur une ligne spirale.

4° *Préfloraison cochléaire.* — Tous les sépales sont sur une même circonférence, mais le premier est tout à fait externe, le dernier tout à fait interne, les autres se recouvrent en partie.

5° *Préfloraison imbriquée.* — Tous les sépales sont sur un même verticille, le premier externe, le second interne, les autres se recouvrant en partie.

Un calice est *monosépale* ou *gamosépale* quand tous les sépales sont réunis ensemble. Il est *polysépale* quand les sépales sont séparés.

Un calice est *régulier* quand il réunit les conditions suivantes : 1° tous les sépales égaux ; 2° tous les sépales insérés à la même distance du réceptacle ; 3° tous les sépales insérés au même niveau.

Le calice est *fugace*, lorsqu'il se détruit après la floraison ; si au contraire, il se développe, il est *marcescent*.

5. Corolle. — On appelle corolle polysépale *régulière* ou *irrégulière*, celle dont les pétales possèdent les mêmes propriétés que les sépales du calice. De même la corolle sera *gamopétale* ou *polypétale*, suivant que les pétales sont soudés ensemble ou libres.

Corolle polypétale.

Comme corolle polypétale irrégulière, il faut citer la corolle *papillionacée*, que l'on trouve chez les *légumineuses* (haricot). Elle est formée de six

pétales. L'un d'eux a un développement plus
considérable que les autres; c'est l'*étendard*. A
l'extrémité du diamètre se trouve la *carène*. Les
deux pétales de chaque côté portent le nom
d'ailes.

Corolle monopétale régulière, tous les pétales
étant soudés, entre eux, donnent à la fleur des
formes différentes, et alors la
corolle est dite *tubuleuse, infun-
dibuliforme, campanulée, hypocra-
tériforme.*

Si la *corolle est monopétale et
irrégulière* elle est dite *ligulée,
labiée, personnée.*

6. Étamine. — L'étamine est
une feuille modifiée, qui, à sa
partie supérieure présente un réservoir nommé
l'*anthère*, qui contient le *pollen* (fig. 96).

A la partie supérieure, une partie renflée,
c'est l'*anthère*; au-dessus, la queue qui soutient
l'anthère porte le nom de *filet.* Le plus souvent,
il y a deux anthères et le filet passant entre les
deux anthères porte le nom de *connectif.* L'étamine
est une feuille modifiée ; le filet correspond au
pétiole, le limbe au connectif, et comme les
feuilles, le filet présente des appendices à sa
partie inférieure. Dans le nénuphar blanc,
dont la préfloraison est spiralée, on peut suivre
facilement la différenciation des sépales du calice (fig. 97).

*Corolle
monopétale.*

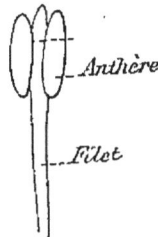

*Fig. 96. —Éta-
mine.*

*Composi-
tion de
l'étamine.*

Déhiscence.   On appelle déhiscence de l'étamine, l'ouverture de l'anthère, pour laisser échapper le pollen à l'extérieur. Cette déhiscence peut être :

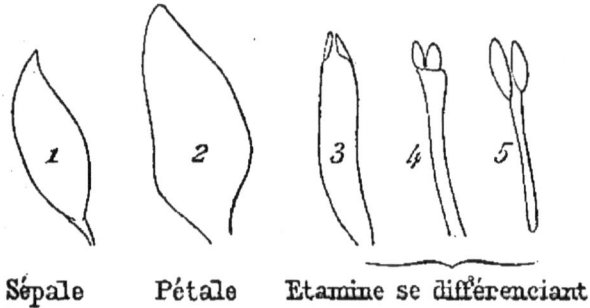

Sépale   Pétale   Etamine se différenciant

Fig. 97.

1° *Longitudinale,* lorsque l'anthère s'ouvre par des lignes longitudinales ;

2° *Transverse,* lorsque l'anthère s'ouvre par des lignes transversales ;

3° *Porricide,* lorsque des trous se creusent dans les parois de l'anthère pour laisser échapper le pollen ;

4° *Valvaire :* une partie de la paroi de l'anthère se détache et se soulève ne restant plus adhérente que par une extrémité.

Nombre des étamines.   Par rapport aux pétales, on dit qu'elles sont *isostémonées,* lorsqu'elles sont en même nombre que les pétales et alternes.

On dit qu'elles sont *diplostémonées,* lorsqu'elles sont en nombre double que les pétales et alternes.

Grandeur.   Quelquefois les étamines ont toutes la même hauteur; le plus souvent elles sont tétradynames ou didynames.

Les étamines présentent trois modes divers d'insertion, par rapport à l'ovaire.

Si l'ovaire et les étamines sont sur le même plan, les étamines sont *périgynes*.

Si l'ovaire est enfoncé dans le réceptacle, les étamines sont *épigynes*.

Si le réceptacle est convexe, les étamines son *hypogynes*.

Souvent les étamines sont libres; quelquefois elles sont soudées entre elles, soit par les anthères (synanthérées), soit par les filets. Quelquefois les étamines sont insérées sur les pétales.

7. Pistil. — De même que les étamines, les pistils sont des feuilles modifiées. Le limbe de la feuille prend le nom de feuille *carpellaire*; elle

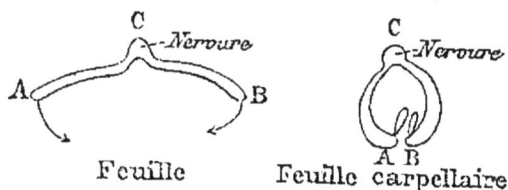

Fig. 98. — *Ovaire.*

est sessile. Son extrémité inférieure s'allonge, c'est le style, se terminant par le stigmate; alors la feuille carpellaire se recourbe, forme un cône creux, dont le *style* est le sommet (fig. 98). Sur ces parties latérales ou en d'autres points, apparaissent les folioles accessoires. Ce seront les *ovules*.

La feuille carpellaire prend alors le nom d'*ovaire*. Un ovaire peut donc être formé par une seule feuille carpellaire. Il est irrégulier. Mais plusieurs feuilles carpellaires peuvent se souder ensemble, et on aura un ovaire régulier.

Ovaire formé d'une seule feuille. Lorsqu'un ovaire est ainsi formé d'une seule feuille carpellaire, les ovules peuvent présenter trois modes différents d'implantation :

1° Sur les bords de la feuille capellaire ; c'est la placentation *marginale* ;

2° Sur la nervure médiane ; c'est la placentation *médiane* ;

3° Sur toute la surface de la feuille ; c'est la placentation *diffuse*.

Ovaire formé de plusieurs feuilles. L'ovaire est formé de plusieurs feuilles carpellaires, qui s'unissent ensemble pour former le réceptacle qui contiendra les ovules.

Style. Le style est creux lorsque le reploiement de la feuille carpellaire est complet. Il ne forme qu'une sorte de canal, lorsque le reploiement de la feuille carpellaire est incomplet.

Les stigmates peuvent se ramifier. Cette ramification se présente aussi dans le style.

8. Ovule. — Un ovule est formé par des folioles secondaires, venant s'insérer sur une feuille principale : la feuille carpellaire. La queue de cette foliole secondaire s'appelle le *funicule* de l'ovule.

Diverses sortes d'ovules. 1° *Ovule orthotrope* dressé, à radicule super. Si l'on fait la coupe d'un ovule, on remarque, plusieurs parties différentes qui ont pris divers noms (fig. 99) :

Une première enveloppe antérieure, c'est la *primine*;

Une seconde enveloppe antérieure, c'est la *secondine*;

La partie centrale c'est la *tercine* ou *nucelle* qui contient le sac embryonnaire.

Le *hile* est le point où l'ovule se joint avec le *funicule*. La *chalaze* ou axe organique de l'ovule, est le point où les vaisseaux qui forment le funicule se séparent pour

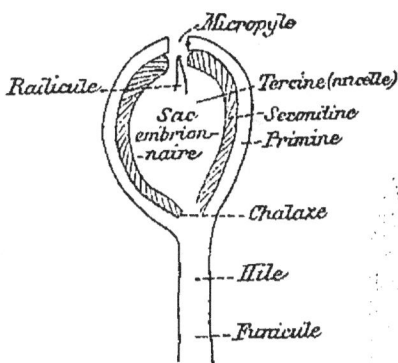
Fig. 99. -- *Ovule.*

former la primine, la secondine, et la tercine. La partie supérieure, vers laquelle est toujours dirigée le radicule de l'embryon, porte le nom de micropyle. Lorsque le micropyle, la chalaze et le hile sont sur la même ligne droite, on dit que l'ovule est *orthotrope*. Dans ce cas, l'ovule peut être inséré sur l'ovaire de trois façons différentes :

1° S'il est inséré latéralement et que la radicule soit tournée vers la partie supérieure il est *ascendant*;

2° S'il pend de haut en bas, la radicule est inférieure, l'ovule est *pendant*;

3º S'il est inséré latéralement, que la radicule soit dirigée en bas, il est *descendant*.

II. — *Ovule anatrope* ou *réfléchi*. — Le hile et le micropyle sont situés sur une même ligne horizontale : la chalaze se trouve située au-dessus du mycropyle.

Cet ovule, comme l'ovule précédent, peut être *dressé* ou *pendant, ascendant* ou *descendant*.

Remarque. — Lorsque l'ovaire contient un grand nombre d'ovules, l'un de ces ovules se trouvent souvent horizontal, et suivant que l'ovule est orthotrope ou anatrope, la radicule se dirige ou vers le centre de l'ovaire ; elle est alors *centripéte* ; ou vers la périphérie de l'ovaire, elle est alors *centrifuge*.

III. — *Ovule courbe* ou *campylotrope*. — Dans ce cas, la chalaze, le hile et le mycropyle sont sensiblement situés sur la même ligne horizontale.

CHAPITRE VII

FRUIT

—

1. Définition. — Le fruit est l'*ovaire mûri*, à
l'intérieur duquel est l'*ovule devenu graine.*

Lorsque l'ovaire était unicarpellé, le fruit est
dit *apocarpé.*

Lorsque l'ovaire était pluricarpellé, le fruit
est dit *pluricarpé.*

Dans le fruit, on distinguera toujours trois
parties, en allant de l'intérieur à l'extérieur :
l'*endocarpe*, le *mésocarpe*, et l'*épicarpe.*

Si la primine et la secondine se durcissent, et
deviennent sèches, elles forment un péricarpe;
c'est ce qui se présente dans les *fruits secs.*

2. Division des fruits. — Deux grandes classes :
les *fruits secs*, et les *fruits charnus.*

Les *fruits secs* se divisent en :

Ceux qui ne s'ouvrent pas d'eux-mêmes pour
laisser tomber la graine au dehors. Trois ordres :

1° *Achaine*, fruit sec unicarpé; la graine est Fruits secs
libre dans l'intérieur du fruit et y flotte (renon- indéhis-
culacées) ; cents.

2° *Samare*, achaine sur la partie latérale de laquelle s'est développée une sorte d'aile (clématite).

3° *Caryopse*, diffère des précédents en ce que la graine ne flotte pas et se soude au fruit (blé).

Fruits secs déhiscents. 1° *Follicule*. — C'est un fruit apocarpé, qui s'ouvre par la suture ventrale.

2° *Gousse*. — Fruit apocarpé qui s'ouvre suivant les sutures ventrale et dorsale.

3° *Silique*. — Fruit sec, déhiscent, formé par deux carpelles; mais la partie qui séparait les deux feuilles carpellaires a proliféré, et forme une cloison; à la maturité, il y aura quatre lignes de déhiscence.

4° *Pyxide*. — Fruit apocarpé, dont la déhiscence se produit par une fente transversale.

5° *Capsule*. — Fruits n'appartenant pas aux classes précédentes.

Modes de déhiscence. — On distingue trois modes de déhiscence; la déhiscence :

Loculide. — En supposant le fruit formé par trois feuilles carpellaires, on aura trois vulves, dont chacune sera formée par deux moitiés différentes (Iridées).

Septicide. — L'adhérence entre les cloisons et les parois est rompue, chaque valve sera formée par une feuille carpellaire; les ovules restent dans leur position (Digitale).

Septifrage. — La déhiscence se produit par des fentes qui vont le long de chaque cloison. C'est une véritable dissection du fruit.

1° *Baie* (poire). Comme tous les fruits, la baie est formée de trois parties : l'épicarpe, le mésocarpe et l'endocarpe : l'épicarpe forme la peau ; le mésocarpe est abondant ; l'endocarpe, petit, entoure les graines. La baie peut dériver d'un ovaire super ou infer. Si la baie a dérivé d'un ovaire super, on aperçoit en bas, les restes des étamines ; si l'ovaire était infer, les restes des étamines apparaîtraient à la partie supérieure.

Fruits charnus.

2° *Drupe* (cerise). — La drupe est un fruit apocarpé ou syncarpé ; il présente toujours un épicarpe, un mésocarpe et un endocarpe. Le sillon qui apparaît sur l'épicarpe, représente la suture ventrale du carpelle unique, qui avait formé l'ovaire. A la partie inférieure du fruit, on voit le reste du style.

3° *Hispéridie* (orange). — L'orange est un fruit dérivé d'un ovaire pluriloculaire ; ce qui forme la peau représente l'épicarpe, le mésocarpe et l'endocarpe ; la partie comestible est un tissu d'excroissances qui s'est développé dans l'intérieur de l'ovaire pluriloculaire.

Lorsque l'on a une fleur composée, on aura aussi un fruit composé qui, au premier abord, aura l'aspect d'un fruit simple. C'est ainsi que la fraise est formée par une masse de petits achaines ; et c'est le réceptacle devenu charnu que l'on mange. Mais au-dessous du réceptacle, on voit encore le calice, ce qui prouve bien que ce fruit est formé par une fleur composée.

Fruits composés.

CHAPITRE VIII

FÉCONDATION ET GRAINE

—

1. Pollen et nucelle. — L'*ovule* contenu dans l'ovaire est fécondé par un grain de *pollen* qui était contenu dans l'*anthère*.

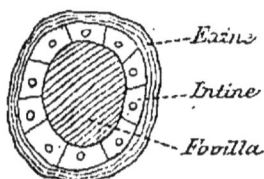

Fig. 100. — *Grain de pollen.*

Le *grain de pollen* (fig. 100) *est une cellule* présentant une *enveloppe*, un contenu ou *fovilla* et un *noyau*. La membrane d'enveloppe est formée de deux parties : l'enveloppe extérieure nommée *exine*, l'enveloppe intérieure, *intine*. Ces deux enveloppes ont été formées de la façon suivante : la membrane s'est cuticularisée à la partie interne; en certains points, la membrane peut être interrompue et présente des pores à travers lesquels, pourra passer le *tube pollinique*.

En arrivant près des stigmates, qui sont remplis d'un liquide visqueux, le pollen pousse un boyau, le *boyau pollinique*; il chemine vers l'ovaire, et, lorsqu'il y est parvenu, il va trouver un *micropyle*. Quelque temps avant, dans la *nu-celle*, une des cellules axiales s'était hypertro-phiée, et était deve-nue le *sac embryon-naire*. Elle s'était di-visée en deux, puis en quatre parties (fig. 101), et avait donné des cellules, nommées *cellules an-tipodes*, et à l'autre extrémité, les *vésicu-*

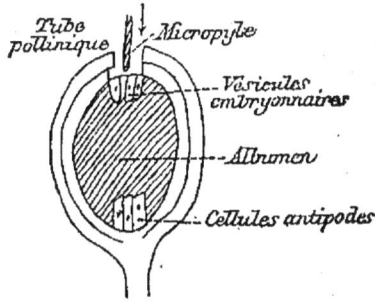

Fig. 101. — *Ovule fécondé.*

les embryonnaires. Une ou plusieurs de ces cellules continueront à se diviser, et donneront l'*albumen*.

2. Fécondation. — A la partie supérieure, on a trois cellules, dont une seule est la *vésicule embryonnaire* propre-ment dite. Alors, le *boyau pollinique* vient butter contre la nu-celle et arrive sur le vésicule embryon-naire, avec laquelle il se confond en par-

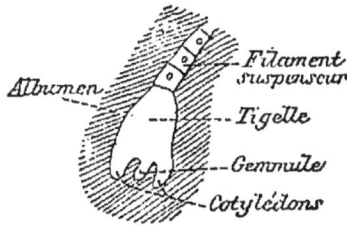

Fig. 102. — *Embryon.*

tie. La cellule ainsi fécondée se divise en deux. Une partie se divisera très rapidement ; ce sera le *filament suspenseur* de l'embryon ; puis l'autre partie de la cellule commencera alors à se di-viser, pour donner le *tigelle*, la *gemmule* et les cotylédons (fig. 86).

A ce moment, l'embryon ne remplit pas complètement le sac ; c'est alors que le noyau de l'albumen se divise et vient former un tissu de remplissage.

3. Graine. — *La graine est l'ovule mûri.* Après la fécondation, le micropyle disparaît. Mais comme on sait que la racine se trouve toujours tournée du côté du micropyle, il sera encore facile de retrouver le *hile*, la *chalaze* et le *micropyle*. Après l'apparition de la radicule et de la tigelle, on voit apparaître, autour de la gemmule, une ou plusieurs feuilles. S'il n'y a qu'une feuille, la plante est dite *monocotylédonée* ; s'il y en a deux, *dicotylédonée*, un nombre considérable *pluricotylédonée*, c'est ce qui se présente dans les conifères.

Parties accessoires de la graine. Le *testa* et le *tegmen* sont les enveloppes de la graine. Ces enveloppes peuvent être en nombre plus considérable. Il arrive que toute la cavité soit occupée par l'embryon (haricot), mais toujours à une certaine époque, il y a eu des cellules de remplissage, en nombre plus ou moins considérable, qui formaient l'*albumen*. Lorsque l'embryon plonge de tous les côtés dans l'albumen, on dit que l'embryon est *intraire*. Il est *extraire* (blé), lorsqu'une de ces parties est en rapport avec l'extérieur.

On appelle plantes *gymnospermes* les plantes dont les ovules ne sont pas contenus dans un ovaire ; *angiospermes*, celles étudiées jusqu'ici, c'est-à-dire dont l'ovule est protégé par l'ovaire.

PHYSIOLOGIE GÉNÉRALE

—

1. Digestion. — *Assimilation* et *désassimilation*.
— Comme tous les êtres vivants, les plantes di-
gèrent, c'est-à-dire que les aliments ne sont pas
absorbés directement, mais sont soumis à un
ferment soluble, qui les rend assimilables.

Au moment de la germination de l'embryon,
il se produit de la *diastase*, principe albumi-
noïde, qui transforme la fécule en dextrine et
en glycose, comme la *ptyaline*, chez les animaux,
rend l'amidon soluble et assimilable. A cette
époque, les corps gras sont émulsionnés et sa-
ponifiés. Le ferment qui agit est analogue au
ferment du suc pancréatique.

Dans les plantes bisannuelles, il y a deux pé- Aliments de
riodes à considérer : la première, la période d'ac- réserve.
cumulation, pendant laquelle la plante digère
certains aliments qui demeurent emmagasinés
dans des réservoirs particuliers. Puis succède
une période de repos, et, dans la période de dé-
pense ces aliments, digérés de nouveau, se por-

tent vers les organes de la fructification. Alors les plantes montent rapidement en fleur, et donnent des graines, dans lesquelles passent les aliments (choux-raves, choux-fleurs, choux de Bruxelles).

La nutrition de l'embryon se fait aussi au moyen d'aliments de réserve contenus *dans le* ou *les albumens.* Les plantes pourvues de chlorophylle forment des substances organiques et organisées, avec des matières inorganiques, et comme elles servent toujours d'aliments aux animaux, quels qu'ils soient, directement ou indirectement, elles sont les intermédiaires entre le règne inorganique et le règne animal.

2. Circulation. — C'est le mouvement et le transport de l'eau dans la plante. La *sève* peut être de l'eau à peu près pure, absorbée dans la terre, et cette eau peut renfermer des principes solubles ou rendus solubles par les poils de la racine. A cet état, *la sève est nommée ascendante,* et cette ascension est produite par les causes suivantes : 1° la *diffusion* ou l'*endosmose*; 2° l'*imbibition* des parois mêmes des cellules; 3° la *capillarité*; 4° l'appel par les bourgeons feuillés, constitue une sorte de succion grâce au phénomène de la *transpiration*; 5° la *lumière*, agit en activant la transpiration. Lorsque la sève ascendante est parvenue dans les feuilles, elle s'y modifie, et prend le nom de *sève élaborée.* Une partie de l'acide carbonique dissous est réduit; les matériaux carbonés sont fixés par la plante, le *pro-*

toplasma respire, et il y a combustion lente de certains matériaux hydrocarbonés. Ainsi élaborée, la sève, faussement appelée sève descendante, ne descend pas uniquement par la zone génératrice ; mais encore par l'écorce et par la moelle.

3. Respiration et chaleur végétales. — La respiration se fait surtout dans le protoplasma. Il y a, de même que pour les animaux, absorption d'oxygène, élimination d'acide carbonique ; cet oxygène étant un corps conburant fournit la chaleur végétale. La respiration chlorophyllienne est une véritable nutrition.

Aliments. — On désigne sous le nom d'aliments des plantes, tous les corps simples dont l'analyse a fait reconnaître la présence dans leurs substances. Ce sont surtout : H, C, Az, S, Ph, Na, K. Le charbon provient directement ou non de l'acide carbonique de l'atmosphère.

4. Absorption. — Les plantes absorbent des gaz et des liquides, surtout de l'eau et des matières dissoutes.

Cette absorption se fait par les feuilles, les racines et par toutes les parties de la plante.

Les racines absorbent des gaz, qui, s'ils sont délétères, peuvent tuer la plante. La racine absorbe les liquides, et les matières contenues en dissolution ou en suspension. Mais la plante ne choisit pas, comme l'ont prétendu plusieurs auteurs.

Les racines des plantes absorbent par toutes les parties de leur périphérie, mais c'est surtout l'ex-

trémité inférieure qui a le plus d'action, et si une
partie quelconque de la racine est coupée en un
point, l'absorption se fait beaucoup plus rapidement. D'après Duchartre, les feuilles n'absorbent
ni la vapeur d'eau, ni l'eau liquide qui les mouille.

5. Nutrition et fonction chlorophylliennes. —
Sous l'influence des rayons solaires, la chlorophylle décompose l'acide carbonique de l'atmosphère, fixe le carbone, dégage l'oxygène. Cette
fonction est une véritable nutrition, d'autant
plus active qu'il y a plus de chlorophylle dans
les plantes, et que l'action solaire se fait sentir
davantage. La respiration, c'est-à-dire l'absorption d'oxygène et l'émission d'acide carbonique,
est donc en partie masquée pendant le jour.

6. Transpiration. — Les plantes perdent de
l'eau par toutes les parties de leur surface. On le
constate, soit en pesant une plante et notant sa
diminution de poids en un temps déterminé, soit
en la plaçant sous une cloche, dont on voit alors
les parois se couvrir de vapeur d'eau. En 1724,
Hales constata que le grand soleil perd un kilo-
gramme d'eau en douze heures ; un pied carré
de gazon perd en un jour 34 pouces cubes d'eau.

7. Sécrétion et excrétion végétales . — Certaines cellules peuvent fabriquer des produits
divers, tels que : essences, résine, cire et graisse.
Ces organes sécréteurs peuvent être situés ou à
l'intérieur des tissus (ce sont des glandes internes), ou à l'extérieur (ce sont des glandes

externes). Par exemple, les poils qui tapissent la surface des feuilles de l'ortie, contiennent un liquide irritant. Quelquefois les cellules secrétantes s'unissent entre elles, et forment des vaisseaux, nommés vaisseaux utriculeux, ou *vaisseaux laticifères*, lorsque la matière sécrétée est du *latex*. Il peut exister un conduit qui mène au dehors les liquides sécrétés ; c'est ce que l'on rencontre à la surface du fruit des ombellifères.

8. Mouvement et sensibilité. — D'après Claude Bernard, les plantes possèdent non seulement le mouvement, mais le mouvement approprié à un but déterminé, les apparences en un mot du mouvement volontaire. Les mouvements sont surtout marqués dans les plantes inférieures, chez les algues microscopiques, mais, dans ce cas, il est très difficile de dire, si l'être vivant est un végétal ou un animal. Sous l'influence de l'attraction terrestre, les racines se dirigent en général de haut en bas, vers le centre de la terre. La tige au contraire tend à s'élever dans l'atmosphère. Cette tendance a été appelée *géotropisme positif* pour la racine, et *négatif* pour la tige. On appelle héliotropisme le phénomène qui se produit sur les organes recevant sur leurs diverses faces des lumières d'intensité inégale. Ce mouvement de flexion est attribué au plus grand développement du côté qui est le moins éclairé et qui devient convexe (sensitive et dionée attrape-mouches, pistils et étamines mobiles).

12.

9. Fécondation. — Le tube pollinique se forme non seulement au contact d'un ovule, mais encore, lorsque certaines conditions d'humidité se trouvent réunies. Le tube pollinique, s'il est en contact avec un ovule, va féconder la vésicule embryonnaire de cet ovule. (Voir *Fécondation*.)

Conditions extrinsèques.

10. Germination. — L'oxygène est indispensable et la germination n'a pas lieu dans le vide ou dans les gaz irrespirables.

Pour qu'une graine puisse germer, il faut que l'eau pénètre dans son tissu, dissolve les principes solubles qu'il renferme et fournisse une base au véritable suc nourricier de la plante.

La température varie avec les diverses plantes. L'eau chauffée à 50° les tue en général.

Conditions intrinsèques.

1° Elle doit être mûre ; 2° elle doit contenir un embryon ; lorsque la germination se produit, la graine se gonfle et la radicule sort la première. Les cotylédons sont épigés ou hypogés, suivant qu'ils se développent au-dessus ou au-dessous de la surface du sol. La *fécule* de l'embryon est rendue soluble par la *diastase*; les matières *grasses* sont émulsionnées et les matières *albuminoïdes* rendues solubles. Ce sont de véritables combustions qui se produisent : l'albumen est absorbé, l'oxygène est fourni et par la plante et par l'air. L'hydrogène et l'azote, que contenait la graine diminuent, et forment de l'eau et des substances albuminoïdes. Il se produit aussi des substances analogues à la pepsine.

CHAPITRE X

CRYPTOGAMES, REPRODUCTION ET FORMES ALTERNANTES, PARASITISME

—

1. **Classification.** — Les plantes peuvent être divisées en deux grands groupes : les *phanérogames* et les *cryptogames*.

Les *phanérogames* sont les plantes dont les organes de reproduction sont bien manifestes ; ce sont celles que nous avons étudiées jusqu'ici ; on les subdivise en deux classes : 1° les *angiospermes* (monocotylédones et dicotylédones), qui ont leurs graines contenues dans un péricarpe distinct, et les *gymnospermes* (cycadées, conifères), dont les graines paraissent nues.

Dans toutes ces plantes, l'organe mâle, le grain de pollen, féconde l'organe femelle, l'ovule, et il en résulte une plante identique à la première.

Au contraire, dans les *cryptogames*, il se produit un phénomène différent.

La plante donne naissance, non pas à une plante identique, mais à un *prothalle*; ce prothalle ou *proembryon* portera les organes mâles et les organes femelles qui, après fécondation, donneront la première plante.

Il y a donc deux générations : la génération *asexuée*, dont nous avons parlé en premier lieu, et la génération *sexuée*, produite par le prothalle. Nous allons passer rapidement en revue les différentes plantes cryptogames.

2. Cryptogames vasculaires (fougères). — On a donné à ces plantes le nom de vasculaires, parce qu'elles contiennent des vaisseaux.

Si on examine la face inférieure d'une feuille de fougère, on y trouve de petites masses couleur de rouille, ce sont les *sores*, dont la membrane protectrice recouvre les *sporanges*, qui contiennent les *spores*.

Ces spores tomberont sur la terre humide, se multiplieront et pousseront des racines, c'est le *prothalle* ; telle est la génération asexuée.

Le prothalle est la génération sexuée, il va porter les *anthéridies* et les *archégones*.

Les organes mâles, nommés anthéridies, forment une cavité dans l'intérieur de laquelle apparaîtront les *anthérozoïdes*, petites cellules munies d'un ou de plusieurs cils vibratiles ; ces anthérozoïdes iront féconder l'organe femelle, l'*archégone*, comme le grain de pollen irait féconder l'ovule ; il en résultera une fougère. Donc génération alternante.

En résumé, la génération asexuée est représentée

par la fougère, qui donne les spores, produisant le prothalle; la génération sexuée par le prothalle qui produit les anthéridies et les archégones.

3. Muscinées. — Les mousses présentent également deux générations.

La génération asexuée est constituée par des filaments rampant sur le sol et contenant de la chlorophylle (distinction des champignons), ce sont les *protonema*.

Des cellules vont se diviser sur ce protonema, et donner naissance à des mousses avec des feuilles ; ce sont les mousses qui seront la génération sexuée.

Comme précédemment, les organes mâles sont les *anthéridies* et les organes femelles les *archégones*.

4. Champignons. — Ce sont des plantes cryptogames, tantôt représentées par une seule cellule très petite, dont plusieurs individus vivent en quelque sorte en colonie ou isolément, ou bien ce sont des filaments constitués par plusieurs cellules articulées, accompagnés souvent de mycélium, c'est-à-dire d'autres filaments formés d'une seule cellule allongée, souvent ramifiée. Il n'y a pas de chlorophylle ; ces plantes vivent, comme les animaux, d'aliments azotés en décomposition.

5. Parasitisme. — Beaucoup de ces plantes sont parasites, c'est-à-dire vivent sur d'autres plantes et aux dépens de leurs tissus.

Premier exemple. — *Peronospora infestans*, de la pomme de terre.

La *zoospore*, munie de deux flagellums, arrive sur la plante hospitalière, perd ses cils, s'immobilise, perfore les tissus, se ramifie à l'intérieur, et vit aux dépens du protoplasma des cellules de la plante hospitalière : c'est le *mycélium* qui peut donner naissance à des *zoospores*, produits par les sporanges.

Quand l'hiver approche, les branches latérales se gonflent et donnent des *oosphères* (organe femelle) et des *anthéridies* (organe mâle) : de l'échange naîtront les *zoospores*, que nous avons vues au début.

Les phénomènes sont analogues dans l'*oïdium* du parasite de la vigne, l'*aspergillus glaucus*, que l'on trouve sur les fruits cuits, et l'*ergot de seigle* (claviceps purpurea).

Deuxième exemple. — D'autres champignons ont besoin de deux plantes hospitalières pour accomplir les phases complètes de leur reproduction.

L'*uredo*, c'est-à-dire la rouille qui forme des taches jaunes sur certaines feuilles, donne un mycélium qui fournit des spores.

A l'automne, la rouille devient noirâtre, et de nouvelles spores donnent naissance à un promycélium sur la terre humide qui fournira des sporidies.

Ces sporidies sont recueillies pas l'épinevinette, se développent et donnent de nouvelles spores qui passeront sur la première plante, et formeront la rouille.

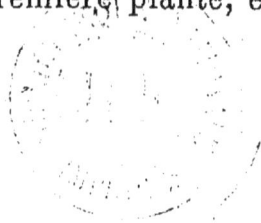

TABLE DES MATIÈRES

ZOOLOGIE

FIN DE LA TABLE DES MATIÈRES.

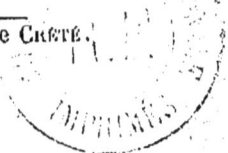

7124-90. — Corbeil. Imprimerie Crété.

7124-90. — Corbeil. Imprimerie Crété.

www.ingramcontent.com/pod-product-compliance
Lightning Source LLC
Chambersburg PA
CBHW070512200326
41519CB00013B/2786